JN424650

HOUSE CONTENTS
건축가(교수) 10인의 주택선집

:: 2009년 8월 20일 1쇄 발행
:: 김광호 편집
:: 발행인 | 김기현 | 발행처 Spacetime · 시공문화사
:: 등록 | 1993.3.12 제 1-1493
:: 본문 · 표지디자인 | 제이드 · 이순학
:: 인쇄 | 예림인쇄사
:: 제본 | 세신문화
:: 용지 | (주) 대림지업사

:: 120-796 서울시 서대문구 현저동 200 극동빌딩 5층
:: 전화 02-3147-1212 · 2323 | 팩스 02-3147-2626
:: spacetime@korea.com | www.spacetime.co.kr
:: ISBN 89-5592-133-0
:: ©2009 시공문화사. 파본은 교환하여 드립니다. 본서의 복사 · 복제를 금합니다.

정가 25,000원

PREFACE
HOUSE CONTENTS

이 책자는 현재 한국의 약 45세 이하의 젊은 신진 건축가 10인의 최근 준공 또는 공사중인 주택 작품에 대한 것이다. 몇 작가는 준공된 작품과 더불어 계획안 작품도 약간의 페이지에 실었으나 주된 내용은 준공된 작품에 대한 밀도 있는 소개이다. 10인중 4명은 대학교의 설계교수이고 6명은 크고 작은 설계사무소의 소장으로 설계수련 배경이 각기 다른 건축가들의 작품들로 구성되어 있다. 이들의 디자인성향은 또한 매우 다양하여 독자들이 현재 한국의 새로운 주택 작품의 전반적 경향을 이해하기에 적합한 책으로 발간된다는 데에 큰 의의가 있다고 생각된다. 물론 여기 포함된 건축가들 이외에도 많은 젊은 작가들이 뛰어난 주택작품을 실현하고 있으나 다양한 성향과 배경의 작품들을 골고루 싣기로 정한 편집원칙을 지키고 10개 작품 이내로 한정하여 집중조명하고자 포함하지 못한 점 매우 아쉽게 생각한다.

21세기 한국의 단독주택작품의 특징은 보다 감성적이고 체험적인 조망성(Prospect) 개념의 부각이라고 말할 수 있을 것 같다. 조망성이란 경관(View)의 객관적 개념에 비해 주관적인 것으로서 주택 각 내부의 지점으로부터 내다 보는 행위에 초점을 둔 개념이다. 다양하고 독창적인 현대한국주택의 조망성 개념은 창호, 개구부 및 처마선등의 디자인, 즉 허공간(void space)과 실공간(solid space)이 만나는 인터페이스(Interface)를 활성화하는 결과를 낳고 있다.

이 인터페이스는 조망성을 구현하는 틀로서 단위면적당 교류감과 해방감이 과거보다 한층 더 요구되는 현대 주거 공간 디자인에서 핵심적 개념으로 대두될 수 있는 것으로 본다. 그리고 이러한 인터페이스는 현대 건축가들이 그들의 재능과 특성을 가장 민감하게 발현하는 수단일 것이다. 이 책에 실린 작품들은 상당히 특별하고 흥미로운 인터페이스를 구현하고 있다는 점에서 독자들이 유심히 살펴주길 바란다. 단편적인 형태와 이미지 보다 체험적인 인터페이스의 특성을 읽도록 노력하는 것이 건축가나 일반인 모두에게 필요한 진정한 작품건축이해의 기본일 것이다. 상호성을 강조하는 인터페이스의 개념은 기능, 형태 그리고 공간 모두를 아우른다.

이상은 코디네이터로서 본인이 생각한 개괄적인 측면의 짧은 해석일 뿐이고 보다 상세한 한국현대의 젊은 단독주택작품과 이론의 이해는 이 책에 실린 각 작가들의 작품과 설명을 살펴본 후 상당부분 가능할 것으로 믿는다.

깊이 있고 흥미로운 주택작품집으로서 일반인과 건축인들 모두에게 보다 유익할 수 있는 책을 출간하고자 한 목표아래 올해 초부터 매우 의욕적인 출발로 협조해주신 시공문화사의 김사장님과 박이사님 그리고 모든 참여 작가들께 큰 감사의 뜻을 전한다.

2009. 7.

코디네이터 **김광호**

C O N T E N T S

C O N T E N T S

HOUSE CONTENTS

Kwak, Hee Soo

42nd Route House

FACADES ADJACENT TO NATIONAL HIGHWAYS

Unlike main thoroughfares in cities, the landscape around national highways does not feature elements useful to our daily lives, as their interactions mainly occur with a focus on local residents and motorists who use the national highways. It is therefore natural that the vicinity of national highways is comprised of natural landscape, civil structures, and commercial buildings related to the needs of motorists, such as gas stations, motels and restaurants serving local specialties. However, this phenomenon has depersonalized the facades around national highways and has made the boundaries of such regions more ambiguous. After all, the vicinities of highways require architectural gestures for interesting communication with motorists.

42ND ROUTE HOUSE

The residence in Jeongseon is a house adjacent to a national highway. It is a building without any commercial interest, facing the highway. Naturally, it is not competing with motels and local food restaurants. What use would a house located on a national highway and whose commercial persuasion is excluded have for the client? and what interactions would it have with motorists using the national highway, and would they be necessary?

FACADE

We do not expect that the house will have a great impact on the overall facade of the 42nd Route. Rather, it will act as an occasion where interactions generated when two unfamiliar elements of meet on the road will maintain each other's homeostasis_like antagonism. The facade of the Route house consists of the external facade adjacent to the road and the natural conditions and the internal facade, with the inner court serving as the central space. Surfaces designed to react to different conditions and interesting programs will adapt to various needs and situations.

ROOF & HILL

Along with the inner court, elements that constitute the external space of the house include a lawn-covered roof and a hill. The design of the hill is a concept that cuts part of the nature and transplants it to the flat land, and is aimed at making the scenic natural landscape flow into the interior of the house. The landscape that begins with the ground continues up to the balcony on the third floor, which will be used for viewing sights and for various relaxation activities.

BUDDUMAK(KITCHEN FURNACE) AND SARANGBANG(DRAWING ROOM)

The most peculiar aspect of this house equipped with various modern devices is the traditional kitchen and the Srangbang(traditional drawing room) adjacent to the inner court. The heating for the Sarangbang is provided by burning wood in the Buddumak(kitchen furnace). The kitchen, decorated with bricks, has been designed to take into consideration the more traditional ways of living of the client's parents, who are accustomed to traditional housing, and is internally separated from the main building. The client would probably have wanted to provide his parents with the warmth of the ondol(under-floor heating) rather than the conveniences of a new house.

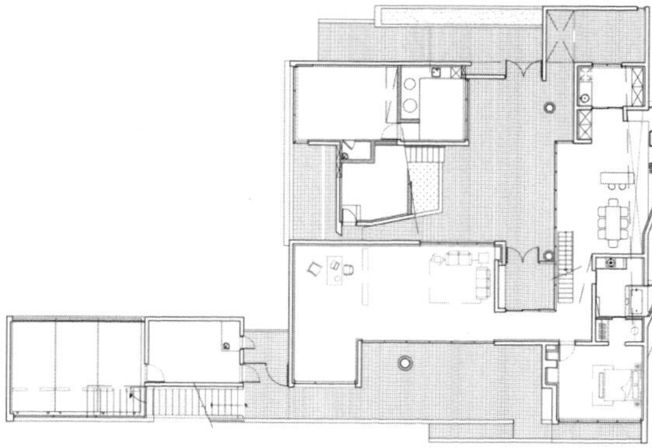

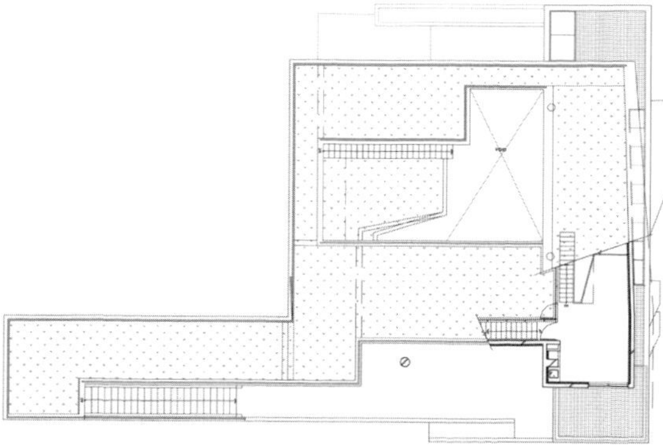

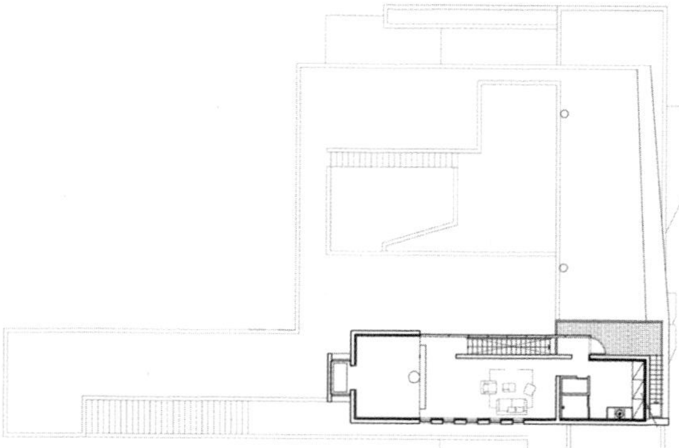

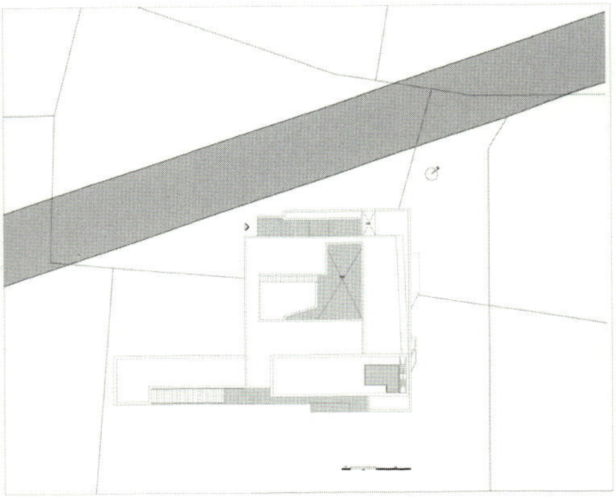

site plan

국도변의 파사드 _ 국도변의 풍경은 도시의 대로변과는 달리 생활에 유용한 요소들이 밀집되어 있지 않다. 왜냐하면 이들의 상호작용은 도로를 이용하는 자동차와 지역주민을 중심으로 일어나기 때문이다. 그래서 국도변의 구성이 자연경관과 토목구조물 그리고 주유소, 모텔, 토속음식점등과 같은 주행자와 관련된 상업 건축물들로 이루어지는 것은 자연스러운 일이다. 그러나 이러한 현상은 국도변의 파사드를 몰 개성화 하고 지역의 경계를 더욱더 모호하게 하는 결과를 양산하였다. 결국 국도변은 주행자와 흥미로운 커뮤니케이션을 위한 건축적 제스처가 필요한 것이다.

42번 루트하우스 _ 정선의 주택은 국도변 집이다. 상업적 이득이 없는 용도의 건물이 도로와 맞닿아 있다. 당연히 모텔이나 토속음식점과 경쟁적 관계에 놓여 있지도 않다. 상업적 설득이 배제된 국도변의 집이 건축주에게는 어떤 효용이 있는 것일까? 그리고 국도를 이용하는 운전자와는 어떤 상호작용을 할 수 있으며 그것은 과연 필요한 것일까?

파사드 _ 루트하우스가 42번 국도변 전체 파사드에 큰 영향을 줄 거라고는 기대하지는 않는다. 다만 길항작용antagonism 처럼 생소한 성격의 두 요소가 국도변에서 만났을 때 생기는 상호작용이 서로의 항상성을 유지하는 계기로 작용 할 것이다. 루트하우스의 파사드는 도로와 자연조건에 접한 외부 파사드와 중정이 중심공간인 내부 파사드로 이루어져있다. 각기 다른 조건과 흥미로운 프로그램에 반응 하면서 디자인된 면들은 각종 요구와 상황에도 적응해 나갈 것이다.

지붕 & 언덕 _ 중정과 함께 집의 외부공간을 구성하는 요소로써 잔디로 피복된 지붕과 언덕을 들 수 있다. 언덕의 고안은 자연의 일부를 재단하여 평지에 이식한 개념이며, 수려한 주변 풍광이 고스라니 집안으로 들어오게 하기 위함이다. 지면으로부터 시작된 랜드스케이프는 3층의 발코니까지 연속되어 있으며 산책이나 조망 그리고 다양한 여가의 장소로 그 쓰임새를 갖게 될 것이다.

부뚜막과 사랑방 _ 다양한 현대적 장치로 무장된 이집에서 가장 특이한 점은 중정에 면한 전통부엌과 사랑방이다. 사랑방은 부뚜막에서 때는 나무의 화력으로 난방을 유지한다. 전벽돌로 치장된 부엌은 전통주택에 익숙한 노부모의 오랜 생활 습관으로부터 기인한 것이며 안체와의 내부연결도 단절되어 있다. 아마도 건축주는 노부모에게 새집의 편리함보다 아랫목의 따뜻한 온기를 돌려주고 싶었던 것이다.

The client showed the architect a picture of Jennifer Lopez in Beverly Hills, and at the same time asked the architect to allow him to be reminded of the memories of an old house in Gangwon-do, where he had lived in his childhood.

강원도

Gangwon-do, Korea

단독주택, 지상3층, 연면적 406.46㎡,

철근 콘크리트

Single House, 3F, Gross Floor Area 406.46㎡, R/C

HOUSE OF THE HEALING HILL

평창동 갤러리주택

— **Kim, Kwang Ho**

서울시 종로구 평창동
Pyeongchang-dong, Jongno-gu, Seoul, Korea

단독주택, 연면적 482.05㎡, 철근 콘크리트
Single House, Gross Floor Area 482.05㎡, R/C

치유Healing와 공간적 인터페이스Spatial Interface

건축공간을 심리적 미학의 측면에서 해석해 보았을 때 다음과 같은 네 가지 성격간의 상호작용에 의해 구성되고 체험되어 진다고 생각 한다; 1. 피난처적 공간 2. 흐르는 공간 3. 조망적 공간 그리고 4. 허공간. 그리고 이들 공간은 스위스 심리학자 막스 뤼셔의 심리치유이론과 연계할 경우 각각 1. 만족감(-) 2. 자신감(+) 3. 자존감(+) 그리고 4. 내면적 자유(-)의 감정상태 들을 지원한다고 볼 수 있다. 뤼셔는 이들 네가지 감정상태들 간의 균형이 깨어졌을 때 심리적 문제가 발생되며 이들 간의 상호보완적 조화를 통해 치유의 과정에 들어설 수 있다고 말하고 있다.

주거공간은 휴식과 보호의 기능이 중요하기에 다른 용도의 건물에서 보다 이들 요소 중 피난처성의 개념이 강조된다. 주거공간에서 흐름과 조망 및 허공간은 이 피난처성과의 강한 연계성을 통해 각각의 장소적 특성을 발현한다. 즉 오랜 간 머무는 휴식, 수면, 독서 및 작업 등등을 위한 몇몇의 공간을 시작과 끝이 되는 기점으로 하여 흐름을 통해 자신감을, 조망을 통해 자존감을 그리고 허공을 통해 내면적 자유를 발현할 수 있다.

우리나라 도시마을의 외부공간에서 자주 보는 "골목alley" 과 "언덕hill" 은 거주민들의 정취가 묻어나는 익숙하고도 낭만적인 공동체장소의 개념이다. 이는 다시 말하여 심리적 안정감과 해방감을 모두 지원함으로써 발생하는 치유공간을 의미한다고 볼 수 있다. 골목의 아늑한 친근감과 진행감은 피난처성과 흐름을, 그리고 언덕의 시야확보와 해방감은 조망성과 허공을 나타낸다. 이로써 뤼셔가 말한 네가지 감정상태들은 이 골목과 언덕에서 모두 지원된다고 말할 수 있는 것이다. 단독주택에서도 입체적으로 이러한 요소들이 은유 또는 유추되어 재현된다면 자연스러운 치유의 장이 될 것이다.

주택에서의 해방감 또는 해소감liberation은 용적에 비례하는 것이 아니라 치유적 요소들과 접할 수 있는 인터페이스의 질과 양에 따른다. 인터페이스 공간의 디자인은 주거디자인의 미학적 성패여부를 결정한다고 볼 수 있다. 민감한 상호작용의 장으로서의 인터페이스는 주택의 각 부분 기능들이 인간의 신체뿐만이 아닌 감성과 만나는 장이다. 컴퓨터 하드웨어의 질적 우수성이 소프트웨어에서의 우수한 디자인의 인터페이스를 통해 충분히 발현된다. 그렇듯이 건축공간의 인터페이스는 공간의 물리적 기능을 미학적 치유의 차원으로 끌어 올릴 수 있는 관건이 되는 개념인 것이다. 피난처성, 흐름, 조망성과 허공은 이러한 인터페이스를 통해 엮혀지며 인간의 감정으로 전달된다. Surface는 고체와 기체(액체)가 만나는 물질적 표면인 반면

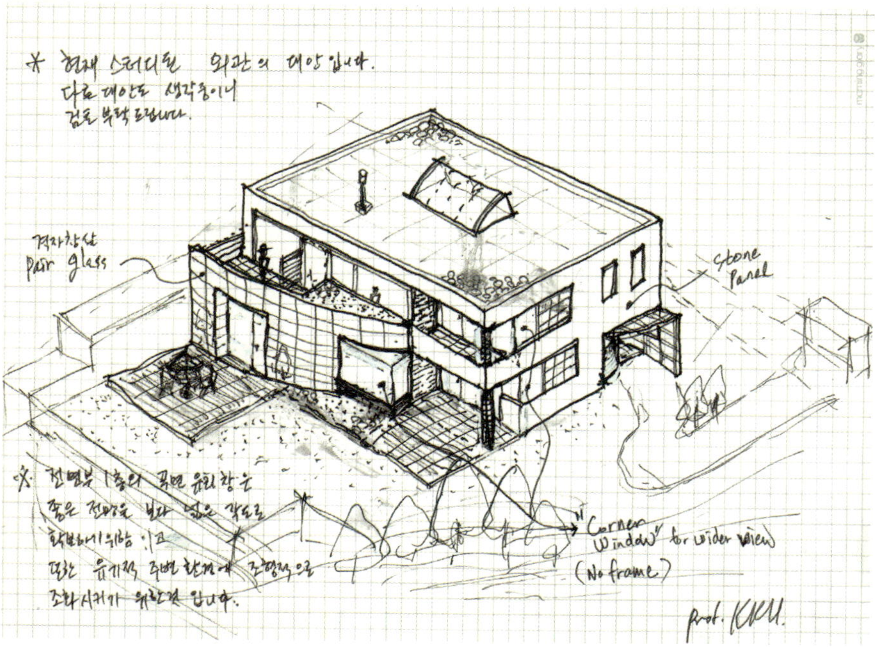
* 현재 스터디된 외관의 대안 입니다.
다른 대안도 생각중이니
검토 부탁 드립니다.
겹자창선
Pair glass
Stone Panel
※ 전면부 1층의 곡면 유리창은
좋은 전망을 보다 넓은 각도로
확보하기 위함이고
또한 유기적 주변 환경에 조형적으로
조화시키기 위한것 입니다.
"Corner Window" for wider view
(No frame)
Prof. KKH.

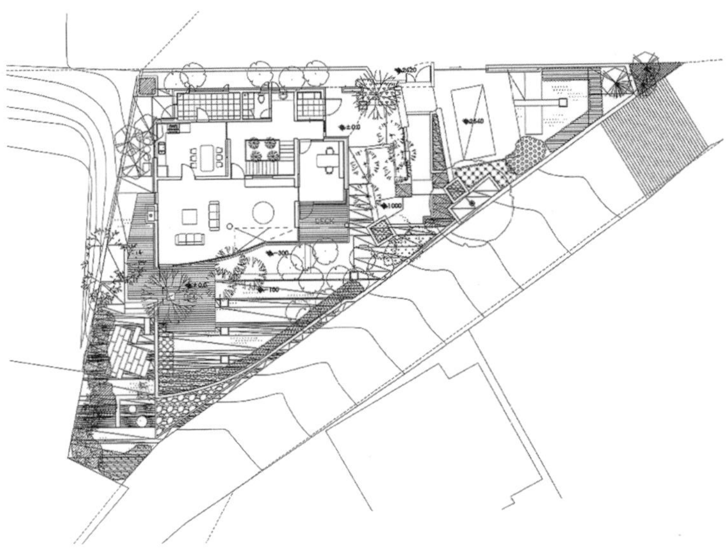

Interface는 여기의 실공간과 저기의 허공간이 만나는 심리적인 표면인 것이다.

골목과 언덕은 인간의 심상에서 물질로 기억되는 것이 아니고 인간, 자연 그리고 건축이 한데 어울려 미학적 현상으로 기억되는 것이다. 그리고 인터페이스는 바로 이 현상을 감지할 수 있고 또한 그 정도를 조절하는 창window이다. 주거디자인에서도 중요한 가치는 Surface가 아닌 Interface를 통해 촉진되는 가족 정서의 치유이다.

설계 개념

대지의 해석과 매스 설정

대지는 약200평의 굳은 암반에 예각의 삼각형 형태로 최고와 최저지점 레벨이 9m 가량 차이나는 급경사지인 상황이었다. 건물을 지었을 경우 대지의 면적에 비해 편안하고 너른 거주공간의 이미지가 떠오르지 않는 조건이기에 나대지로 오랜 간 방치되어 온 것으로 건물을 배치하기가 매우 난감한 경우였다. 그러나 급한 경사를 이용하여 상부를 90평 정도 주택공간으로 두고 하부는 약45평의 근린생활시설(갤러리 및 스튜디오)을 두어 하부매스위에 주택의 마당공간을 조성할 수 있었다.

상부의 도로는 경사가 완만하고 대지와 길게

면해 안정된 상태로서 고정되지 않고 변화로운 조망성을 조성한다. 반면 하부의 도로는 급한 경사에 막다른 길로서 불안정한 상태에서의 고정적인 조망성을 조성하고 있어 큰 대비를 이룬다. 그래서 건물 상하부의 매스는 이러한 도로와 관계된 조망성 부여 조건에 호응되는 방향으로 구성되어 역동적인 전체적 흐름을 잃지 않으면서도 안정된 인상을 갖는 것으로 설정하였다. 즉 상부도로변은 단아한 박스형태에서 출발하여 보편적임을 기본으로 하여 내부로 진행하며 점차적으로 변화가 있게 하였으며 하부도로변은 역동적인 곡면과 삼각형매스에서 출발하여 내부에서 안정된 구도로 변하도록 했다.

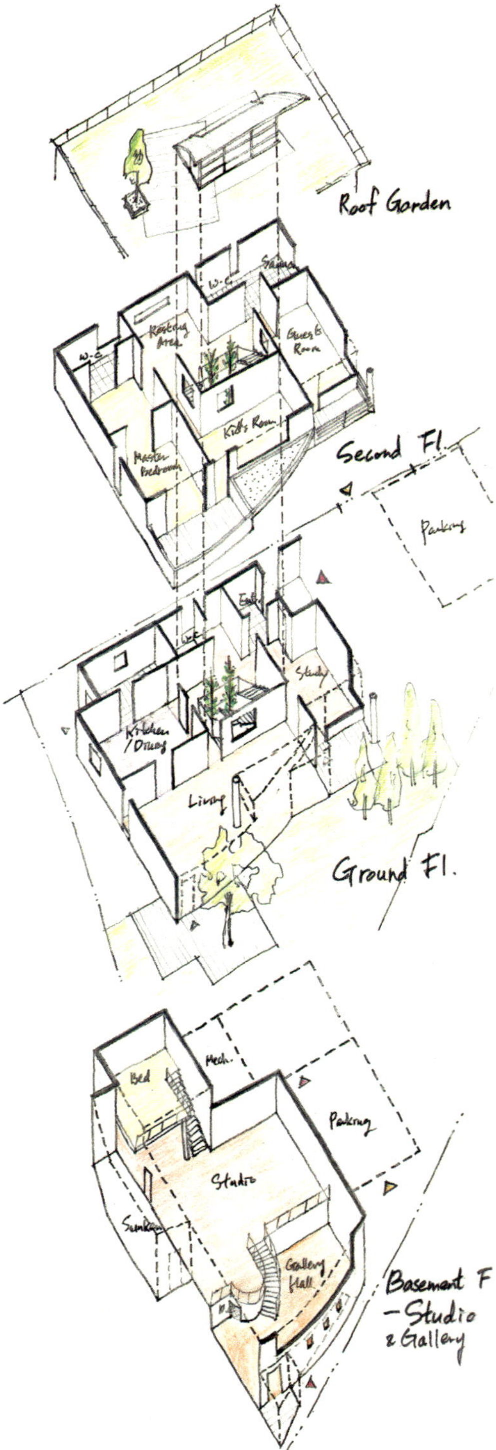
Roof Garden
Second Fl.
Parking
Ground Fl.
Living
Parking
Studio
Basement F
- Studio
& Gallery

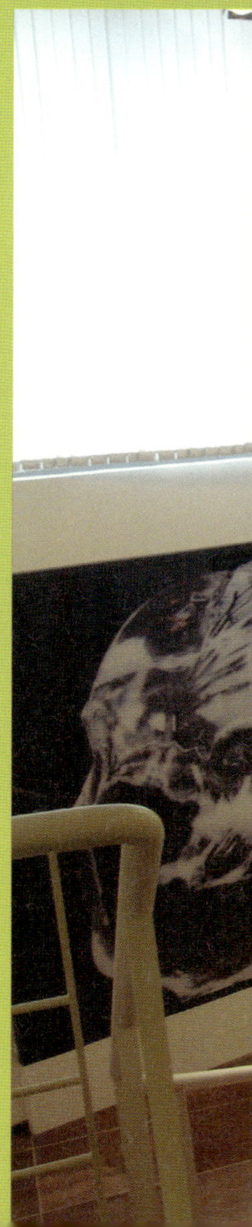

"LOS ADENTROS"
"LAS AFUERAS"
MEDIOS

첨가적 공간 개념_곡면과 사선

상부의 북측도로에서의 주택입면은 약간 폐쇄적이고 단아한 인상이나 대문 상부처마의 곡면curve은 내부에서 펼쳐질 몇몇의 역동성을 암시하면서 친근한 규모로 겸손하게 초대하는 것으로 하였다. 마당쪽 남향 입면과 하늘향한 옥상면에서는 각각 수평과 수직방향으로 곡면매스가 박스형 건물매스에 첨가되어 역동적 인터페이스interface,상호작용면 공간을 수용하도록 하였다. 거실의 큰 곡면커튼월은 대지와 교감하는 인터페이스로서 이쪽땅(마당)과 저쪽땅(건너편 언덕)의 수려한 풍치를 최대한의 시야각으로 누릴 수 있도록 하였다. 동측 모서리에는 프레임이 없는 구석창이 곡면에 첨가되어 부분적으로 시야각을 확장시켜주고 긴 곡선의 속도감을 누그러뜨리며 친근감 있는 대화공간의 스케일을 갖고 있다.

옥상으로 연결되는 계단실 상부의 곡면 지붕은 수평과 수직면의 천창을 모두 갖고 하늘과 교감하는 인터페이스로 작용한다. 외부옥상의 경사유리난간은 투박한 매스감을 경감시키고 하늘의 기운을 온화하게 모으는 인상을 갖도록 한 것이다.

하부 스튜디오의 입구 입면은 건물 전체의 다양한 형태요소와 재료들이 집대성되어 만난다. 갤러리와 같은 기능의 공적이며 문화적인 프로

그램을 포함하기에 사적공간에서보다 시각적 유인성을 강조하였다.

삭제된 공간 개념_허공

허공void space은 실공solid space의 일상적이고 바쁜 사무적 환경에서 얻기 어려운 비일상적인 세 가지 대상과의 만남을 지원한다는 측면에서 치유성이 강하다고 본다. 이는 자연nature, 타인others 그리고 자기 자신self 으로서 인간의 삶 전체를 통해 간간히 일상의 분주함을 피한 가운데 말을 통하지 않고도 마음을 통해 깊은 대화의 대상이 될 수 있는 것들이다.

주택의 허공은 중앙 계단실의 천창아래 대나무 네 그루를 두고 깊은 수직성을 갖고 있다. 이 허공은 좁은 수평면적을 갖으나 1, 2층 주택 내 모든 각 실들에서도 벽체에 뚫린 프레임을 통해 면함으로서 다양한 입체적 인터페이스를 제공한다. 콘크리트 내력벽구조임에도 수평, 수직적으로 각 실들의 시각적 연계가 활발히 이루어져 무의식중 가족 간의 공동체감을 향상시키기 위한 장치이다. 허공에 면한 프레임들은 유리가 있는 것도 있고 없는 것도 있다. 직접 말을 통해 상호 교류할 수 있지 못한 경우라도 시각적 연계감을 통해 같은 공간에 머물고 있다는 공존의식을 높여 주기 위함이다.

이 허공의 상부 천창은 남측의 직사광을 곡면 지붕으로 차단하면서 북측의 차가운 간접광도 직사각프레임을 통해 받아들인다. 이로서 온도차가 많은 남향과 북향의 자연광이 혼합되어 따갑거나 차가운 느낌이 아닌 적정한 자극으로서의 일사량을 확보해 주택공간의 중심부에서 항상 온화한 정서를 불러일으킬 수 있도록 하였다. 대나무는 추상적 존재인 빛과 함께 어울려 인간과 교류하는 구체적 자연의 대상물로서 동서남북 모든 방향으로 트인 천창의 빛을 시시각각 받아 변화하는 명암의 상태를 보이며 실내 깊숙한 공간에서도 '시간' 이라는 또 다른 자연의 존재와의 무언의 교감을 지원하고 있다. 밤에는 북측의 직사각천창을 통해 어린이방과 계단에서 별과 달을 볼 수 있도록 배려된 것은 자연과의 정서적 교감을 높인 치유환경조성의 일환인 것이다.

이러한 자연과의 교류감은 계단실에서 사람들의 이동이 많은 시간을 제외한 정적인 경우에는 자신과의 대화인 사색meditation의 행위를 동시에 지원한다고 볼 수 있다. 이 허공은 이렇게 세 가지 존재와의 정서적 교류가능성이 골고루 높음으로서 우리전통마당의 총체적 다목적성의 특징을 닮도록 하였다. 이 장소는 또한 앞서 말한 주거공간론에서의 '골목' 과 '언덕' 개념을 결합시킨 것과 같은 구성으로써 친근한 교류감과 함께 다양한 수평과 수직방향의 조망성을 수용하고 있다.

갤러리스튜디오의 허공은 심한 경사 대지로서 현관 측 입면은 모두 지상에 노출된 지하층 공간에 있다. 지상층 주택의 허공보다 상대적으로 수평적이며 큰 볼륨의 이 허공은 주차가 세대이상 가능한 골목공간과 직접 연계되어 주택가에서는 비교적 도시적인 공간으로서의 규모와 개방성을 갖는다. 이 허공은 내면적 사색과 자연과의 교감보다 타인과의 교감과 교류를 주로 지원하여 다목적 스튜디오 공간의 공적 장소성을 높이기 위한 것이다.

외장재료의 사용

주택의 기본 박스의 매스부분은 미색계열의 사암sand stone 으로 마감되었는데 이는 언덕 이라는 장소에서 아침부터 저녁까지 태양광을 받아 변화하는 표면의 질감변화를 여느 재료 보다 효과적으로 연출하도록 한다.

티타늄 금속재는 곡면부분에만 쓰였다. 옥상계단실상부 지붕과 발코니의 원형 기둥 마감 그리고 현관곡면 처마부분 등에서 가볍고 경쾌한 속도감 표현을 위해 사용되었다.

목재는 단단하고 어두운 고동색의 내수성 강한 C-Teak와 무르고 밝은 황토색의 미송계열인 햄록이 함께 사용되었다. 각각의 고유한 물성에 맞게 평평한 면들은 C-Teak가 마감되고 곡면과 테두리 몰딩의 두터운 강조 선은 햄록으로 처리되어있다.

전체적인 입방체는 잘라내기cutting의 디자인 행위에 어울리는 석재가, 액센트를 주는 곡면은 첨가하기adding 디자인 행위에 어울리는 금속재(티타늄) 및 유리커튼월이 그리고 흐트러져 있는 작은 창문들을 정리하는 틀은 부분적인 잘라내기 및 첨가하기에 어울리는 목재가 사용되어 은유적인 내용들 간의 균형이 추구되었다.

하부층 갤러리스튜디오의 외장은 밝은 햄록이 넓은 곡면 매스를 덮어 주조를 이루고 하부 예각의 처마부분도 밝은 사암이나 난간부분에 검은 마천석을 마감하여 입체적으로 패치patch와 같은 구성이 되어 내부 문화공간 프로그램의 다양한 성격과 호응하는 표현이 되도록 하였다.

This building has a unique combination of upper two-story residential part in the gently sloped side and lower two-story photo gallery part in the highly sloped side. The site is located in the environment allowing dynamic and diverse visual experiences because it accommodates a grand view to the hills of Pyeon-chang-Dong village and faces the long street.

At first, this house looks like a simple and elegant box-typed house from the exterior of the roadside, but its exterior shape changes dynamically from the different points of view because of the large curved curtain wall of living room and the projection of small corner window when it is reached to the inside yard.

While the exterior of the Gallery is a combination of bright and dark materials(sand stone, black stone, wood and small gravel) which are three-dimensional patch works to express the characteristics of various artistic and cultural program of the inside.

The main space of this house is the staircase room with void space where is filled with beautiful, high-rise bamboos representing deep verticality under the skylight. Even though this space is a narrow vertical area, it allows high sense of community among each members of a family through visual connection from the ground and second floor of the house, through the window-like frame pierced on the wall of the staircase.

The wide living room is resulted by minimizing the space of kitchen and dining room. The exterior prospect-oriented small conversation space neighboring corner window coexists with interior prospect-oriented conversation space on a cozy sofa in front of fireplace for the whole family in the living room.

Compared to the upper level's house, the space of lower Gallery studio is large volumed and relatively horizontal which allows openness and large scale of urban atmosphere in the residential area. The large photos of a famous photographer hanging on a wall generate calm looks and impression by being properly harmonized with the scale of this space. Generally, the basic concept of interior color mixture is to support the balance between the stabilized self-esteem and dynamic confidence through comparison with the yellowish green and the red emphasized in the background of pale yellow colored wall.

Most of all, this house is successfully built through the rational and on-going efforts of client who has heartily respected architect' s and interior designer' s opinions to make careful decisions. I hope this house will be the ultimate space to support the internal liberty and good health of the dwelling family.

'K' GALLERY HOUSE

대지는 서울 시내의 조용하며 경치 좋은 주택가로서 남측 한 면이 골목길에 접하고 상당한 경사를 이루고 있다. 하부 도로레벨에는 갤러리를 두어 주변동네의 예술적 맥락과 호흡을 같이 하게 되고 상부의 프라이버시가 높고 전망 좋은 레벨에는 갤러리 매스 위의 평탄함이 마당으로 활용된 주택이 얹혀졌다.

갤러리와 주택은 모두 왕성한 활동을 하는 시각 예술가인 클라이언트가 사용할 것으로 내부에서 모두 계단이 아닌 경사로로 수직 연결되는데 이는 연속적 내부경관을 누릴 수 있는 이동 틀을 형성하며 전시공간으로도 활용하기 위한 것이다. 이는 물론 노약자에게도 실내산책을 통해 심리적 해소를 가능케 하는 면에서 엘리베이터보다 효과적이다.

갤러리 바닥은 약간의 경사가 있어 시야가 하향으로도 트이며 외부공간의 조경적 정서가 재현되도록 하였다. 구석부분 붉은색 박스의 큐레이터실은 녹차색의 배경과 대비되며 전원속 원두막과 같은 구성을 취하여 조경적 성격을 배가시키도록 하였다. 바닥의 경사는 시청각실의 용도로 일시 전환하여 사용하는데도 유용하다. 가운데의 천창은 아래의 대나무와 호응하며 예술과 더불어 자연과 대화하는 행위를 지원하기 위한 것이다.

주택의 1층은 AV room 중심으로 홈오피스와 주방식당공간으로 이루어져 있어 반공적인 성격을 띠고 2층은 사적공간으로 침실들과 일부 홈바가 있는 간이주방으로 이루어진다. 안방내 북측엔 작은 허공간(void)을 두고 아래층에 심겨진 대나무와 친할 수 있게 하여 가장 피난처성이 높은 장소에서 사색행위를 지원하여 내면적 해소가 될 수 있도록 하였다.

옥상은 다양한 도형적 구성이 어우러진 나무, 꽃(경사화단) 그리고 물이 있는 생태적 정원으로 지붕의 단열성능을 높이면서 충분한 휴식공간이 되도록 하였다. 마당의 얕은 연못의 물은 갤러리 벽면을 타고 도로레벨로 낙하하게 하여 갤러리를 향해 주변마을에서 상쾌한 초대의 이미지를 갖도록 하였다.

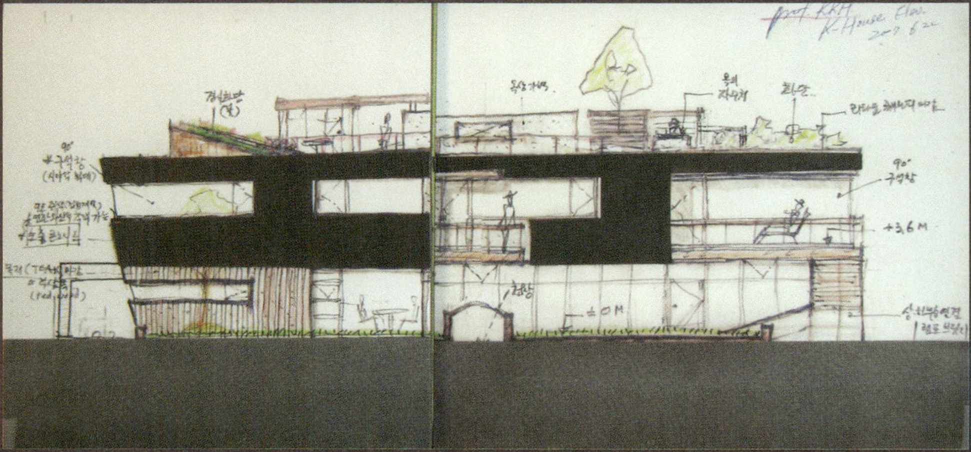
K-House Elev.
90°
90°
+3.6 M
±0 M
(red wood)

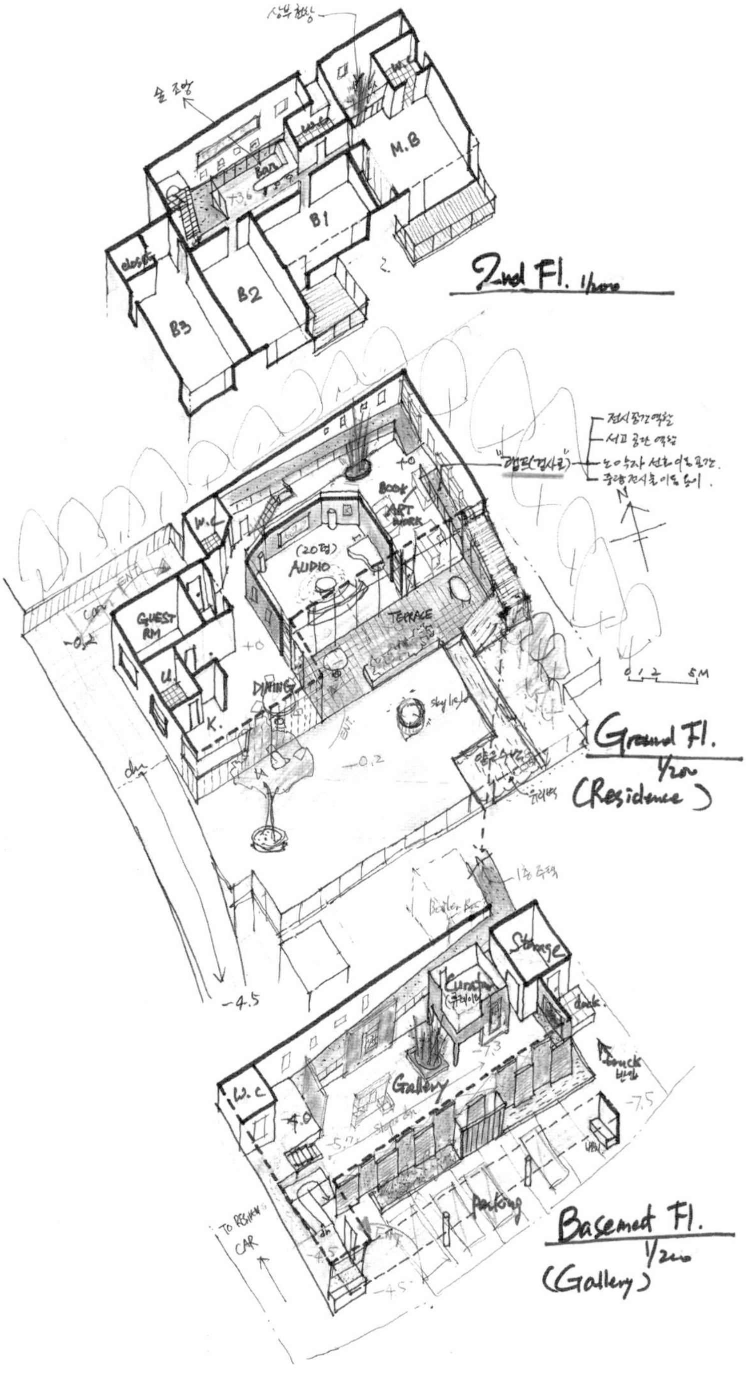
2nd Fl. 1/200
M.B
B1
B2
B3
Ground Fl. 1/200
(Residence)
W.C
GUEST RM
AUDIO
TERRACE
DINING
K.
BOOK ART WORK
N
5M
-0.2
+0
-4.5
Storage
Curator
Gallery
W.C
Parking
TO RESIDENCE CAR
-7.5
Basement Fl. 1/200
(Gallery)

Scarlet Terre

스칼렛 테르

— **Kim, Dong Jin**

서울시 성북구 성북동 330- 94, 434

330-94, 434 Seongbuk-dong, Seongbuk-gu, Seoul, Korea

단독주택, 지상 2층, 지하 1층, 연면적 489㎡, 철근 콘크리트

Single House, B1, 2F, Gross Floor Area 489㎡, R/C

스칼렛 테르

북악산 자락의 옛 도성 북쪽의 성북동 단독주택지에 자리 잡은 이 집은 언덕 위에서 서울을 조그마한 아랫마을처럼 내려다보듯 자리 잡고 있다. 성북동 비탈면을 따라 높게 둘러쳐진 기존 주택들의 담장 열 속에서 '스칼렛 테르'는 건축과 일체된 담을 통해 건물 볼륨을 형성하여, 가로의 보행자에게 전망을 배려하는 여유와 함께 대지와의 경계를 이룬다.

도로를 등진 두 면에 건물을 'ㄴ' 자형으로 둘러 내부를 안은 듯 마당을 마련했다.

마디가 되는 'ㄴ' 자의 교차부에는 가로로부터 갑갑한 담장들 사이를 지나가는 보행자를 위해 멀리 전망을 투영할 수 있도록 열어 놓고 그 측면에 현관을 배치하였다. 교차부의 내부는 수직이동 동선과 선큰을 통한 open된 외부공간으로 구성되어 내부공간의 움직임을 조율하면서 대지 내부에 온전한 사적 영역을 유지할 수 있는 층을 이룬다. 담이 건물의 표피로 내부공간을 감싸듯 연속성을 가지고 볼륨을 이루면서 도로로부터 과감히 외부에 개방되어 있다.

내부에는 각각의 성격이 부여된 공간들이 테라스, 발코니, 로지아와 같은 다양한 외부 접지면들로 연계되어 외부를 향해 열린 공간을 제공한다.

2층은 부부와 자녀의 private한 두 영역을 분리 위치시키고, 지상층과 선큰으로 열린 지하층을 가족의 공동공간으로 두되, 가족 만남의 다양한 형태가 가능하도록 계획하였다.

흔히 주거 내 공간들은 거실과 주방, 가족실 등의 명확한 실명으로 구분되면서 거주자의 다양한 행태를 수용하지 못할 수 있다는 가정 하에, 거실을 접객과 식사 등의 행위 중심보다는 모여 앉는 행태에 따라 다르게 영역 지었다.

지상층은 식사와 가족회의, 접객이 가능한 만남의 공간과, 천정은 낮고 마당을 내려다보면서 적당히 낮은 소파에 앉는 전망 좋은 공간과 그 옆에는 외부에서 간단한 운동과 취미생활이 가능한 로지아, 2층 천장까지 열려있어 전면의 자연광을 적극적으로 끌어 앉는 누워서 하늘을 볼 수 있는 마루 공간은 외부 테라스마당까지 연속된 바닥면으로 가지도록 하였다.

거실 바로 윗부분에는 부부영역을 배치하였다. 의례 먼지 쌓인 닫힌 공간으로 대변되는 서재를 열린 거실영역을 가로질러 외기로 뻗어나간 테라스로 과감히 변형했다. 2층 부부침실에서부터 뻗어나온 선형의 테라스는 정원으로 길게 뻗어 있어 도시를 향해 강하게 열려져 있다.

건축주의 적극적인 참여로 시작된 이 프로젝트는 거주자의 세세한 요구들을 디자인으로 재해석하고, 생활하면서 일어날 이야기 거리들을 공간에 반영하는 즐거운 실험 작업이었다.

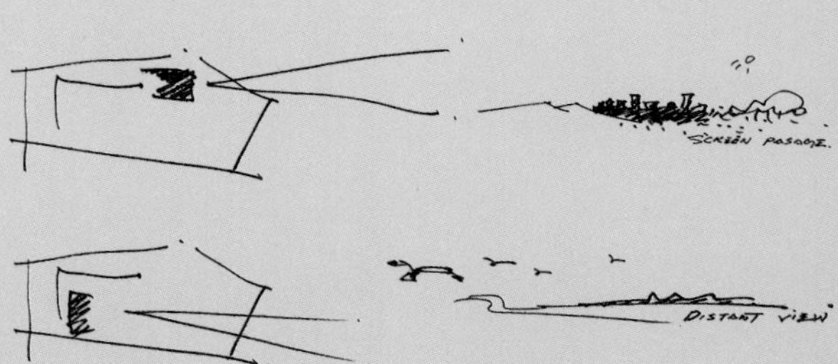

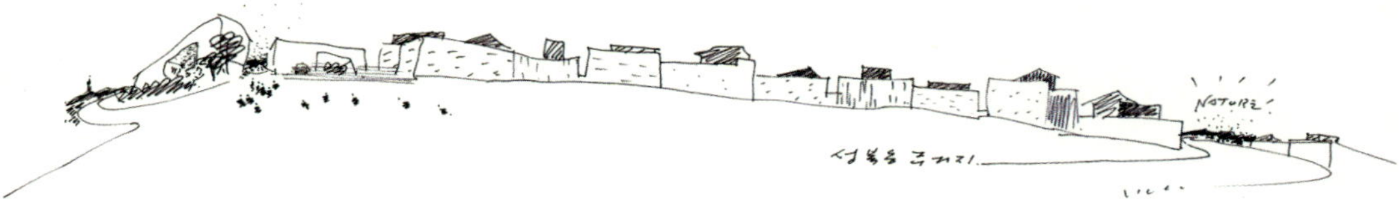
NATURE!

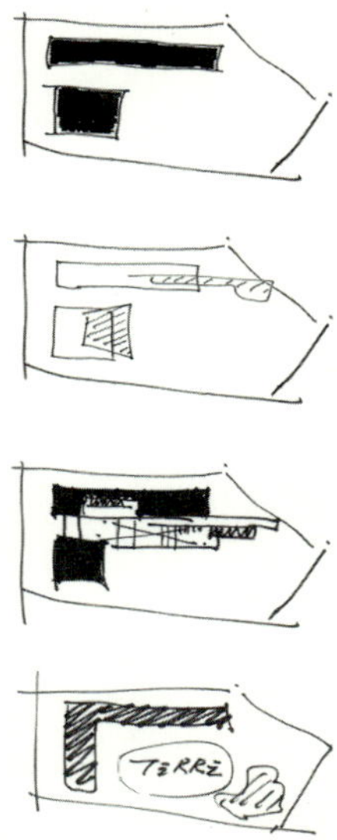
TERRE

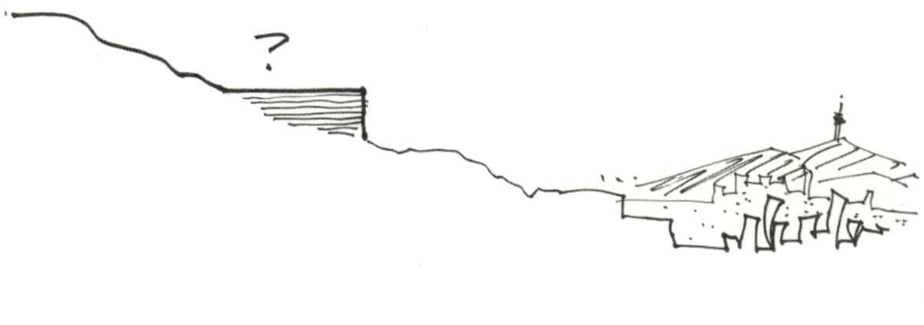

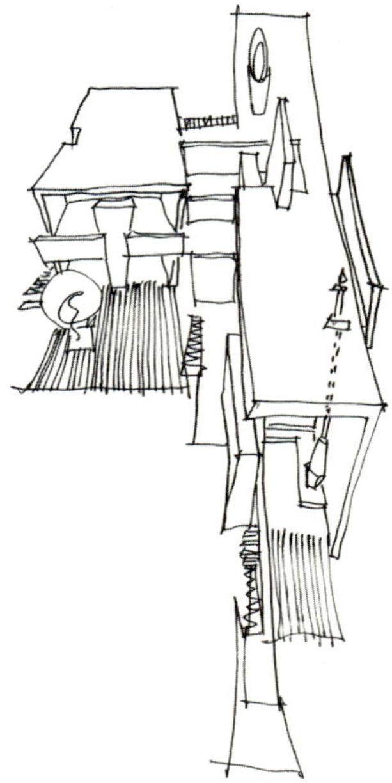

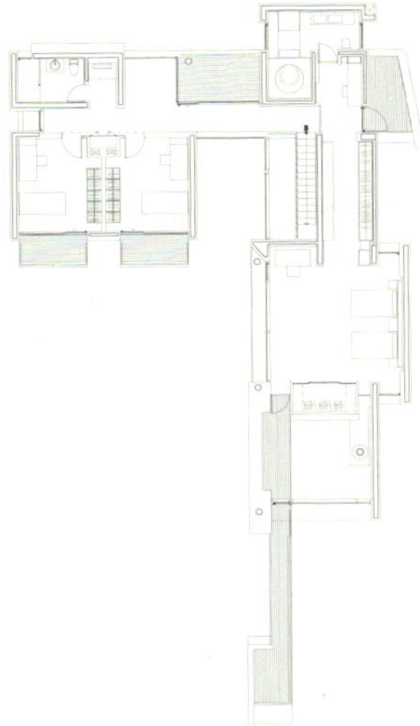

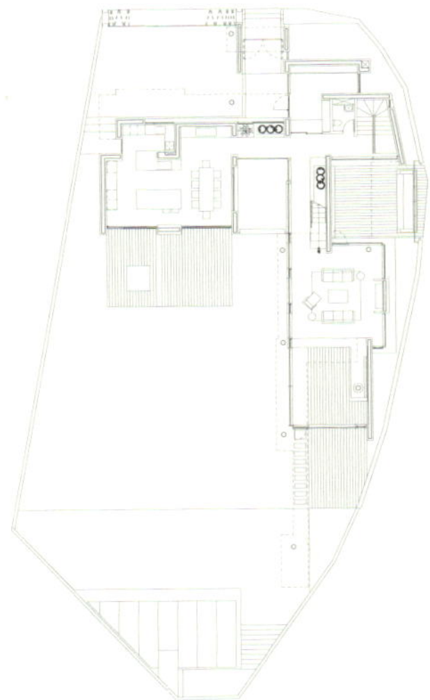

소유와 교환가치로서의 집 혹은 주거

사람이 태어나 성장하고 살아가는 과정에서 가장 기본적인 요소 가운데 하나가 주거이다. 우리가 한 가정을 꾸린다고 하는 것은 독립된 주거공간을 갖는 것을 의미한다. 다분히 교과서스러운 진부한 문장으로 글을 시작하는 데는 그만한 이유가 있다. 주거와 집의 전도가 아주 교묘하게 일어나고 있는 되돌릴 수 없는 세태를 반성해보기 위함이다. 위의 문장은 다음과 같이 수정되어야 할 것이다. 사람들은 한 가정을 꾸리기 위한 첫걸음으로 '내 집 장만' 을 우선적으로 생각한다. 집의 소유가 가정 결성의 기초 조건인 셈이다.

집을 선택할 때도 우리 가족의 구체적인 삶을 담으려면 어떤 집이어야 할지 하는 사용의 가치는 뒷전이고 언젠가 값어치를 할 수 있을지를 따져 결정한다. 우리나라처럼 유명 연예인표 아파트 상품들이 유행에 따라 시시로 변하는 소비자의 구미에 맞춰 기민하게 지어지고 외피적인 차별화에 집중하는 경우는 세상 어디에서도 찾아보기 힘들다. 오늘날 우리나라에서 집이란 된장녀의 명품 핸드백만큼이나 그 존재 위상이 애매해졌다.

후기 자본주의 사회에서 실재이든 가상이든 모든 존재하는 것들이 교환가치로서 위상이 매겨지는 상품이라지만, 조금은 다른 여지를 보존해야 하는 집이 이제 그 자체로 상품일 따름이다. 화폐로의 교환가치로서 성립하는 이러한 상품은 선택에 있어 경제적 안목을 필요로 한다. 아마도 주거와 삶의 질에 대한 연구를 하는 학자나 건축가들조차도 자신의 집을 고르거나 지을 때 상품으로서의 값어치를 따지는 데서 자유롭지 않을 것이다.

문화는 없고 경제만 있는 주택 건축

통계에 따르면 요즘 70% 이상의 집들이 아파트 형태로 지어진다고 한다. 이러한 집들은 대단위 부지 위에 많은 집을 빼곡히 쌓는 마법사의 머리와 그런 와중에서 특별한 개인의 미적 욕망을 채워주는 마술사의 손에 의해 지어지고 있다. 바꿔 말하자면 대부분의 한국 사람들이 주택 상품을 만드는 시행업체와 내부 공간을 꿈으로 채워주는 인테리어 공사업체의 공동작품에서 산다.

자본주의 시장은 건축가의 논리나 사회적 공공성보다는 철저하게 소비자의 공급 요구에 의존해 움직인다. 따라서 사업성을 창출하는 시행사-건설회사와 소유로서의 내 집에만 욕심이 있는 수요자의 직거래가 이루어지는 가운데 건축가의 역할은 현저히 줄어들고 있다. 게다가 단독형 주택으로 지어진다면 수천 명의 건축가가 관여하여 고민해가며 지을 수 있을 개별 집들을 대단지 아파트로 짓게 되면서 대형 설계사무소 1개 업체가 도맡아 일괄적으로 그야말로 생산하고 있다.

사람들이 소원해 마지않는 아파트가 지어지는 과정을 보자. 먼저 넓은 땅을 마련하고 잘 팔리는 상품을 만드는 시행업체의 수고에 의해 우리의 집들은 옆으로 나란히, 위로 차곡차곡 밀도 있게 쌓여서 분양시장에 나간다. 그리고는 아직 공동성을 획득하지 못한 집합주택들은 땅 위에 초록색 문신처럼 새겨질 조경계획으로 갖가지 예쁜 광장의 이름으로 다시 태어나면서 외견상 친환경 공동체를 시도한다. 마무리는 또 하나의 모델하우스를 만드는 치장. 잡지나 카탈로그에서 차용된 이미지가 사용자의 취향을 대변되면서 화려한 벽지와 조명 연출로 예쁘게 꾸며진다.

아파트 업체 광고에서 어린아이가 손가락으로 가리키는 '우리 집' 은 내 집이라고 하기도, 우리 아파트라고 하기도, 우리 모두의 집이라고 하기도 함량 부족이다. 내세울 개성이 없고, 옆집과의 관계가 너무 서먹하고, 공동공간이라야 그림처럼 꾸며진 전용공간 밖에 없으니 말이다.

주거 전문 건축가의 현실적 딜레마

주거는 우리 삶의 기본 요소일 뿐만 아니라 삶을 풍요롭게 하는 중요한 요소이다. 하지만 이 사회는 주거 문제를 고민할 만한 많은 건축가를 필요로 하지 않은 것처럼 보인다. 아파트의 경우, 주택사업 시행자가 두드리는 계산기가 단지를 구성하여 건축가의 법규 검토로 사업성에 맞는 배치

를 완성한 다음 이미 입증된 단위 평형들로 공간을 채운다. 서로 양극에서 출발하여 시행되는 단지 배치와 유닛 개발은 만남과 일체의 과정을 거치지 않은 채, 엄청난 수의 주택 물량들이 전문적인 대형 설계사무소에서 경제적인 방법으로 그려져 건설회사에 납품된다. 최근에는 건설회사마다 디자인 차별화 전략팀들을 두어 차별화 과정을 한 단계 더 거친다. 시공비의 절감부터 환경 디자인 검토, 소비자의 니즈를 포섭한 이른바 건설회사표 아파트가 공사장에 제시된다.

보통 규모가 있는 설계사무소에서는 채산성이 맞지 않는다는 이유로 단독형 개인주택을 설계하지 않는다. 결국 개인주택의 설계는 주택 공사업체와 스튜디오 방식으로 운영하는 건축가들의 몫이다. 스튜디오 건축가들은 저렴한 설계비라도 작품에 대한 의욕을 가지고 덤벼든다. 그러나 설계비를 주택 공사비에 포함시켜 공짜설계를 자랑하는 주택 공사업체의 추진력과 영업력을 따라갈 수 없어 계획안을 만들다 접기 일 쑤다.

그렇다면 건축물에서 가장 많은 부분을 차지하고 생활에 있어서도 중요한 역할을 하는 주거에 대한 문제는 누가 고민해야 하는 것인가? 소위 사양사업이라 하여 시대에 뒤떨어진 분야에는 전문가가 투입될 이유가 없어 회피하는 경향이 생기는 것처럼, 주거의 질에 대한 사회적 무관심은 결국 주거 건축 전문가의 부족에 따라 연구의 축적을 부실하게 만들 터이고 우리의 주거문화를 위협할 지경에 이르게 할 것이다.

건축주의 집, 건축가의 집

변호사에게 의뢰하는 클라이언트가 법률조항을 들먹이면서 법적 대책과 변호 방안을 시시콜콜 제시하지는 않는다. 자신의 정황을 자세히 설명하면서 전문적 상담을 통해 의뢰하는 게 보통의 경우다. 하지만 건축가라는 전문가에게 찾아오는 클라이언트인 소비자들은 이미 머릿속으로 디자인을 마친 상태에서 상담을 요구하는 듯하다. 물론 모든 사람에게 자기 집을 자신이 계획할 수 있는 권리는 당연히 있다.

건축주들은 한 결 같이 한 사람의 건축가에게 집을 믿고 맡기는 것은 미련한 짓이라고 주변 사람들로부터 훈수를 받기라도 한 모양이다. 실제로 짓게 될지 아닐지 모르는 하나의 프로

젝트를 위해 다수의 건축가들은 동시에 밤새워 열심히 계획안을 만든다. 오늘도 하나의 프로젝트를 위해 많은 사무실에서 건축주가 원한다고 말한 파란문의 현관과 아치형 유리창을 신속히 그려내면서 수주를 위한 일상적이고 반복적인 서비스를 하고 있을 것이다.

건축설계는 사회적 공공성을 담아야 한다는 사명 말고도 특히 개인주택 설계의 경우에는 그 장소를 점유하는 구성원들의 생활을 세심하게 고려해야 한다는 점에서 조건 없는 서비스업이다. 건축가는 자신이 지니고 있는 현재성에 대한 철학적 견해와 선진적인 주거문화에 대한 이념을 거주자들에게 강요할 수 있는 권리를 갖지 못한다.

하지만 건축가는 의뢰 초기부터 이야기되어지는 세면대 수도꼭지의 위치와 같은 세세한 부분에서부터 진정으로 살고 싶어하는 집에 대한 속 깊은 의미까지 통찰적 감각을 동원하여 진의를 파악하고 그들이 원하는 주거공간을 만들어내야 한다. 게다가 건축가 자신이 살 집은 아니지만 알게 모르게 의뢰자의 주생활의 질을 높일 수 있는 전문적 입장에서의 계몽적 배려도 요구된다.

그렇게 해서 지어진 집은 소유도 주거도 모두 건축주의 것이지만, 집에서 발생되는 문제점이나 설계를 통해 이 사회에 던져진 건축적 제안을 이야기할 때만큼은 건축가의 집이다.

또 다른 중세로서의 주거 욕구

중세에서 르네상스 시대에는 삶을 둘러싼 온갖 활동이 주거

공간을 중심으로 이루어졌다. 그들은 핏줄을 나눈 친척뿐만 아니라 한 장소에서 일하는 사람 모두가 함께 거주하면서 생활했다. 개방적 단위의 가족 개념으로 주거공간과 일터가 명백하게 분리되지 않았다.

근대 초기에는 산업화의 진전에 따라 노동자들이 도시의 일터로 모이면서 주거공간이 구분되었고, 여기서 사적 성격이 강한 근대적 프라이버시 개념이 생겨났다. 이후 근대 건축가들의 내/외부 공간의 상호 관계에 대한 통합과 같은 다양한 공간적 시도에도 불구하고, 근대건축은 가족만의 폐쇄적인 사적 공간을 탄생시킨 형국이다.

네트워크 기술의 발달로 일정한 장소에서 일터를 공유할 필요가 점점 없어짐에 따라 현대사회의 주거는 산업화 이전의 개방적 단위의 가족 개념이 요구된다. 한 자녀 가정이 많아지면서 외톨이가 된 아이들이 사촌들과 함께 마당에서 뛰놀고, 취미를 공유하고 싶어하는 외로운 어른들이 함께 모여 커뮤니티 마을을 이루어 살 것이기 때문이다.

박제된 모델하우스에서 생성의 커뮤니티 마을로

"카탈로그에서 빌려온 벽지, 잡지에서 오려온 커튼을 치고, 백화점처럼 진열된 가구와 소품들 속에서 의도적으로 연출된 삶을 살다." 현대의 집은 갤러리에 전시되는 삶의 이미지로 재현된 실재다. 또한 일상에서 벗어나려는 욕구는 주거를 호텔로 만든다. 거기에 사용된 격조 높은 재료와 차용된 이미지는 비일상적인 스펙터클을 제공한다. SF영화에 나오는 거실은 대형 디지털 화면과 음향으로 현전presence의 시공간을 뛰어넘어 미디어를 통해 조작된 가상현실을 보여준다. 그 공간은 일정한 위치를 점유하지 않고도 멀리에서 일어나는 사건들이 내 눈앞에서 생생하게 움직이는 시뮬라크르의 세계로 이끈다.

이러한 현상은 단지 영화에서만이 아니라 일정 정도 현실에서도 벌어지고 있다. 한 장소에서 많은 가능성을 가질 수 있는 독립적이자 가상적인 공간에 대한 욕망은 익명적 거주성의 성격으로 나타난다. 우리는 첨단의 디지털 기술로 요새화된 주거를 만드는 일에 주목하고 있다. 이제 주거는 새로운 개인적 공간 개념과 위계 없는 소통에 대한 고민으로 돌아가야 할 시점에 놓였다.

이 시대에 진정한 개인private 공간이란 주택 내부의 위계적 구성보다는 개별적 독립영역의 특이성을 강조하고 그 공간들끼리의 관계 안에서 차이를 발생시키는 개방적 단위 가족공간이어야 하며, 넓게는 주변의 집들과 소통을 이루어 현대적 일상을 담을 수 있는 마을로 확대되어야 한다. 세컨드 하우스Second house 단지와 공동 커뮤니티 마을이 생겨나고 수요가 이어지는 것이 이를 웅변하는 것이리라.

이제 주거는 집합주거가 가진 단지의 이기적 권력에서 벗어나 개인들의 집합이 구체적인 연합 조직으로 관계를 맺으면서 사회적 합의에 도달할 수 있도록 제시되어야 한다. 그럴 때 공동성commoness을 바탕으로 하는 개방된 가족 단위의 주거는 경계 없는 커뮤니티community 속에서 개인의 개성personality이 강조된 거주문화를 통해 현대 도시의 새로운 변화를 이끌 것이다.

Mingling City

'잘 고른 아파트 하나, 열 직장보다 낫다.' 라고 할 만큼 아파트는 돈과 특권의 상징이 되었다. 이제 아파트는 현실 속에서 살기 편
면서 땅은 자연의 소유로 유지하고 하늘로부터 많은 빛을 받아들일 수 있는 밀도 높은 고층 아파트의 초기형태prototype를 제시했
의 삶의 형태가 똑같다면, 지금의 아파트처럼 공장에서 찍어내는 듯 획일적으로 지어져도 무방할 것이다. 하지만 사실은 모두들 각
기왕 주거가 상품화된 만큼 공동주거의 단위들을 슈퍼마켓에서 물건 고르듯 다양하게 만들어 고르도록 하면 어떨까? 비디오 게임
하여 조합하되 적정한 '빈 공간의 유희' 가 침실의 조그마한 발코니가 되기도 하고, 각 주호에서는 자연과 호흡하는 마당이 되며
Unique Personality Unit' 들이 세 가지 유형의 크고 작은 '열린 공동공간Gaping Community' 들과 입체적으로 조합된다. 순환과
리면서 호마다의 '구별짓기' 가 필요하다. 'Touching Community' 를 기초로 한 다양한 형태의 각 주호가 모여서 만들어내는 새로
최대용적률에 가까운 개성 있는 고급단지의 개발은 집과 자연 사이에 작은 공동공간Pocket Community의 조성을 통해 각 주호가
창출할 것이다. 이런 저런 고민과 과도한 업무로 집과 가정을 하숙집처럼 드나드는 건축가들이 과연 이런 주거의 예민한 문제를 풀
질적 향상에 달려 있다.

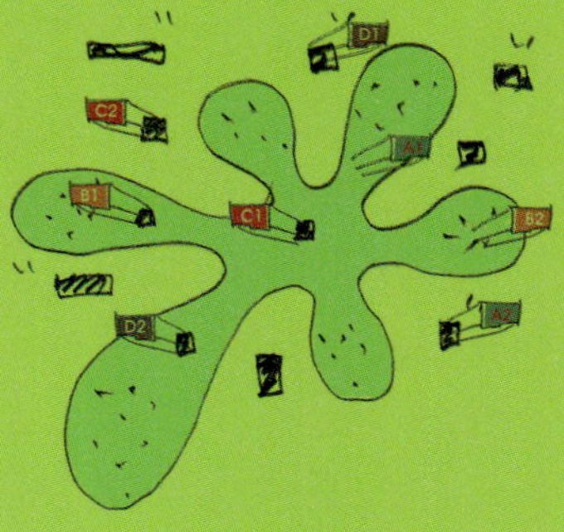

기를 포기하고, 이기심과 부동산의 가치, 즉 욕망의 척도로 그 가치가 변모되었다. 근대 건축가들이 도시 주거형 아파트를 고민하
주택이 지금은 현재의 법규와 사업성에 맞도록 생산되면서 획일적인 삶을 조장하기에 이르렀다. 물론 같은 시대에 사는 모든 가정
살고 싶은 자신만의 집을 원한다.

양각색의 개체entity처럼 개개인의 독특한 개성과 취미가 묻어나는 각각의 유닛(unit, 단위가호)을 개발하여 고밀도를 최대한 노력
커뮤니티 장소가 되도록 제안해본다. 다양한 층고의 내부공간을 가진 단독주택 같은 12개의 '독특한 개인성이 강조된 주거유형
아내는 집은 캡처된 이미지와 같은 집이 아니라 사람과 함께 공생하는 유기체처럼 '더불어 살기' 라는 공동 커뮤니티의 장점을 살
유닛 및 조합방식인 이 제안은 단독주택이 갖는 우리집만의 개성을 가지면서 커뮤니티가 '문화공유' 를 함께 누릴 수 있는 단지다.
환경을 끌어들이고, 내부를 공간별로 다양한 층고와 볼륨으로 구성한다.이러한 유닛 조합방식은 집합주거에 새로운 활기activity를
하는 의문이 들기도 한다. 주택의 고급화는 값비싼 재료로 포장하는 일이 아니라 삶의 새로운 가치를 창출할 수 있는 주거공간의

Sozac second house

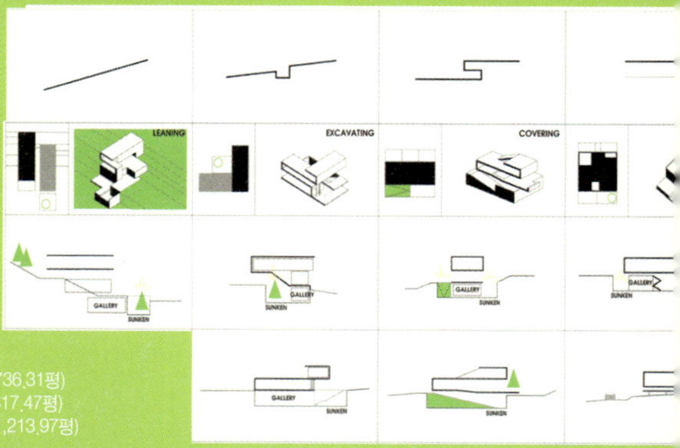

강원도
대지면적 18,963㎡(5,736,31평)
연면적 9,313,94㎡(2,817,47평)
건축면적 4,013,12㎡(1,213,97평)

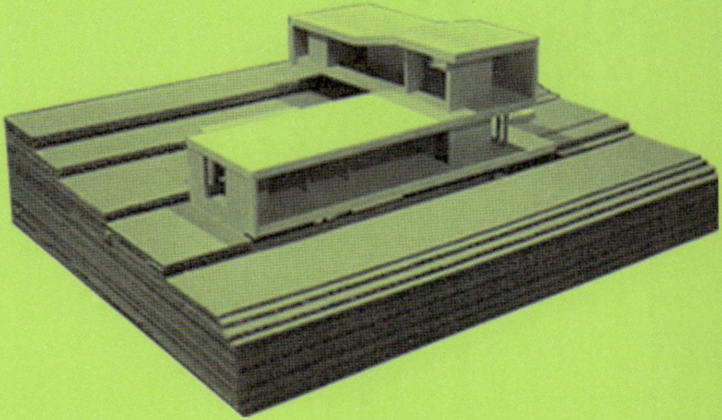

a-house

— Nam, Soohyoun

경기도 성남시 분당구 분당동 51번지
Bundang-gu, Seongnam-si, Gyeonggido, Korea

단독주택, 지상2층, 연면적 328.11㎡, 철근콘크리트
Single House, 2F, Gross Floor Area 328.11㎡, R/C

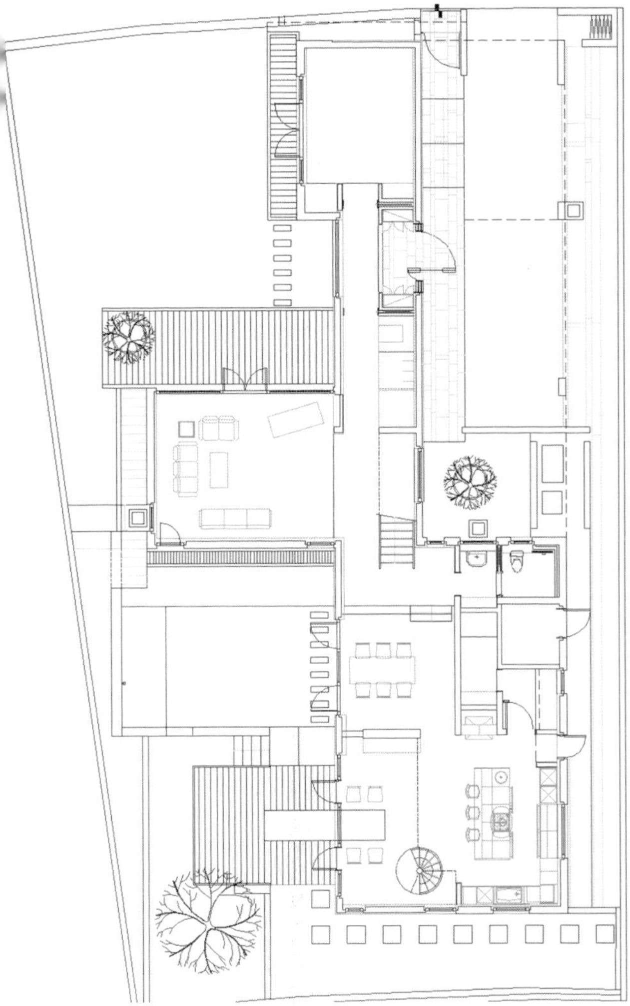

더 이상의 주택을 디자인할 필요가 있는가?

건축의 역사를 통해서 주택이 그 변화를 나타내는 주체로서 상징되는 예로서 나타나는 경우는 많지 않다.(물론 몇몇 예외는 있다.) 주거는 사회문화적인 전제에서 가장 벗어나기 힘들며 큰 변화를 보여주기에는 그 기능이 너무나 확정적이기 때문이다. 큰 변화라고 인식되는 주거들도 자세히 들여다보면 형태적, 공간적인 참신함 외에 진정한 변화를 보여주는 경우는 그리 많지 않다. 오히려 주거의 변화는 사회자체의 구조 변화에 따른 필요로 나타나는 것이 더 크며 건축가로 인한 변화라기 보다는 사람의 생활양식의 변화, 혹은 의지에 따른 결과로서 존재한다. 그러나 한편으론 건축의 주제로서, 건축의 역사에서 주거만큼 근원적인 주제 또한 없으며, 끊임없이 생산되는 새로운 의자만큼이나(사실, 수많은 세상의 의자에 또 하나의 의자를 디자인할 필요성이 존재하는가? 그러나 인간의 가장 기본적인 자세posture로서 앉는 다는 행위는 끊임없이 디자이너들을 유혹하고 있다.) 변주되어서 생산되는 것이 주거, 주택이다. 그렇다면 건축가에게 주거는 어떤 의미인가?

삶의 끊임없는 변화 때문에 모든 개념은 유동적이라, 우리는 엄격한 개념에 우리를 일치시킬 수 없다.

\- 비트겐슈타인

페티쉬fetish

우리가 지내는 지금의 세상에서 모든 것은 자본주의적인 틀 안에서 움직인다. 이런 자본주의적인 폐해중에 가장 문제가 되는 것이 바로 페티쉬fetish적인 양상이다. 물신주의라고 번역되는 이 경향은 세상의 모든 사물, 사상, 공간, 형태, 아름다움을 소유적인 측면으로 치환된다. 마르크스에 의하면 물자가 시장에 들어섬에 따라서 특정한 매력, 아우라를 갖게 되며(우리는 이를 이제 브랜드라 부른다.) 이는 실제 이 물자가 가지고 있는 실제의 사회적 관계들을 숨기거나 신비화시켜 버린다고 한다. 기실 요즘 건축의 많은 부분이 이런 관계의 메트릭스 속에서 생산되고 있으며 레인홀드 마틴은 소위 시그니쳐 건축(빌바오 미술관 류의 강한 형태적 특징이 있는 건축가의 작업)도 이런 페티쉬의 가장 중요한 현상 중에 하나라고 치부한다. 이런 양상은 모든 건축 장르를 가리지 않고 나타나지만, 그 극단의 양단이 존재하는 장르가 바로 주거이다. 페티쉬의 숨은 가치인 과시욕으로 가득 찬 주거가 있는 반면에 가족이라는 단위와 인간의 생활에 대한 고민이 있는 주거가 서로 반대편에 존재하는 것이다.

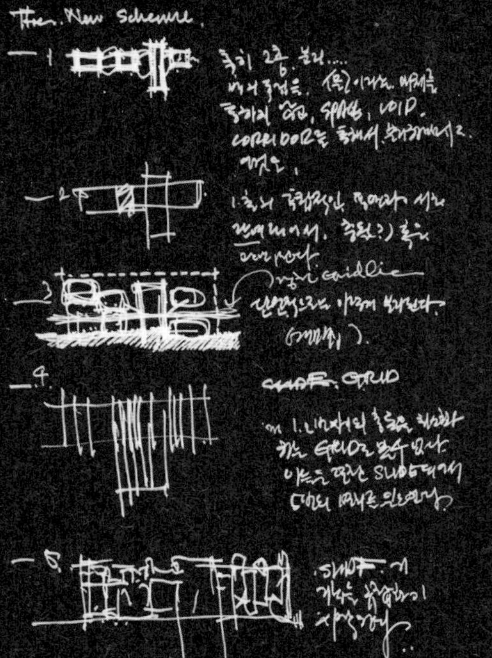

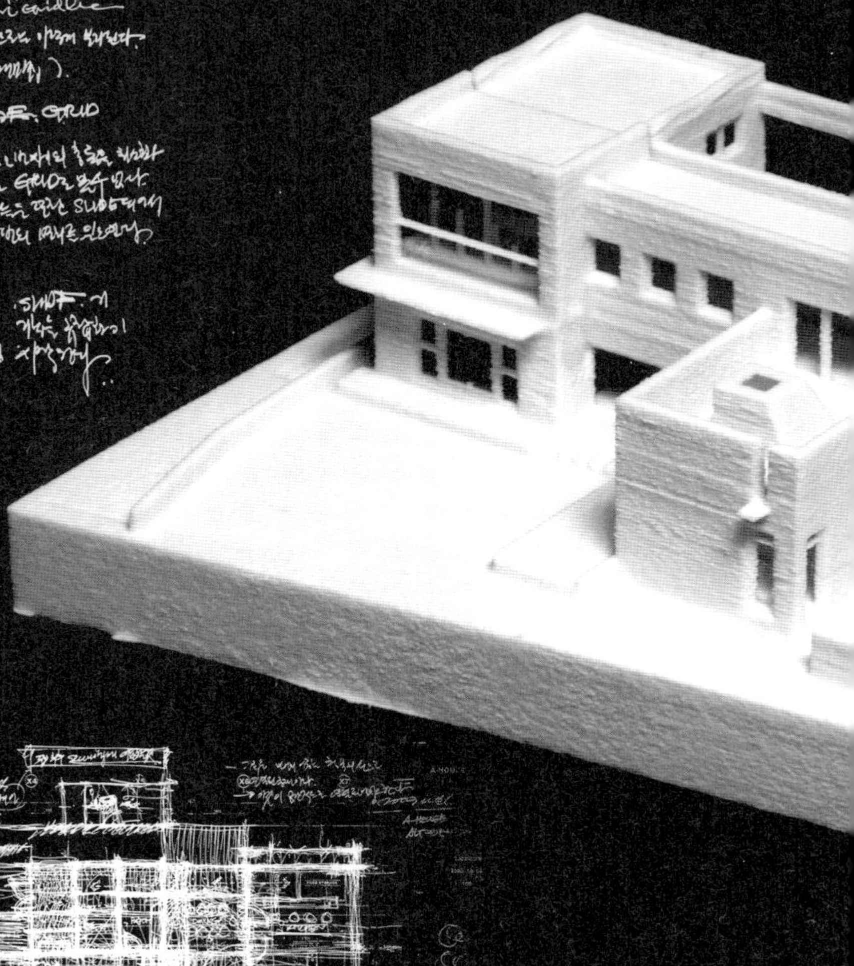

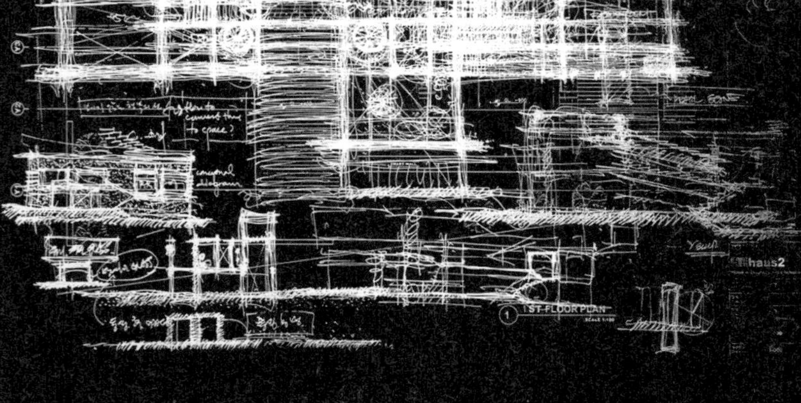
1ST-FLOOR PLAN
haus2

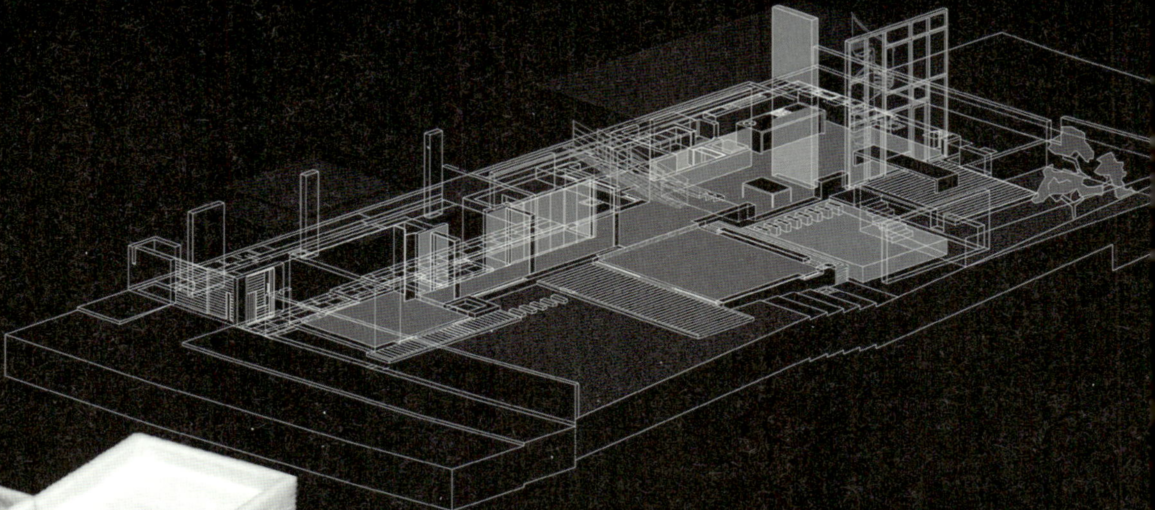

주거의 공간은 유토피언적이다

또 다른 중요한 주거의 특징으로 유토피언적인 방향성이 있다. 건축의 다른 장르가 사회비판적이고 현상을 넘어서는 비평적인 기능을 담는 것이 중요한 목표가 되는 것에 비해, 주거는 내제적으로 유토피아를 향하는 방향이 존재한다. 보통 유토피아를 언급할 때 그 안에는 단순하다, 현실을 담고 있지 못하다는 부정적인 의미가 내재되어 있음을 알 수 있다. 그러나, 디자인이라는 행동을 이해할 때 어떻게 그런 큰 그림에 대한 전제가 없이 디자인을 할 수 있을 것인가? 궁금하며, 이것이 우리의 이해의 큰 틀이 된다. 특히 대량생산의 대상이 아닌 주택을 건축주와의 교감을 통해 디자인할 시에, 가장 큰 실수는 건축주를 '가르치려는' 태도이다. 그들은 그들 대로의 꿈꾸는 세상이 있으며, 자신의 가족이 향유할 공간에 대한 방향을 갖고 있으며 이는 그들에게 있어서 유토피아이다. 이런 구체적인 관계를 논하지 않더라도 주거에는 분명 선험적인 조건들이 존재하고 있다고 생각하며, 건축가는 이런 조건들을 공간으로서 드러내는 것이 가장 중요한 일이라고 생각한다.

이를 기존사회현상에 대한 비판이 결여된 작업 방식이라고 생각되어서는 안되며, 그렇게 물러서도 안 된다. 프레드릭 제임슨이 얘기하듯, 유토피아는 인류가 함께 생각하는 미래에 달려있으며, 사회적인 변화에 긍정적인 영향을 끼치려는 우리의 공동의지에 달려있다. 사회의 원자로서 생각되는 가족도 공동적인 가치에 대한 공유는 있어야 하며, 유토피아적 사고는 '반복', '복제' 에 반대되는 행동양식으로 이해되어야 한다. 건축가가 만드는 하나 하나의 주거형태는 결국 그 안의 '혁명성' 을 지니고 있으며, 이 가치는 반복과 복제를 거부하는 데서 나타난다. 여기에 왜 우리가 또 다른 주택을 디자인해야 하는지에 대한 대답이 있다.

그러나 이런 유토피언적인 접근에서도 주의하여야 하는 점이 있다. 유토피아를 위한 유토피언적 주거가 되어서는 안 된다. 즉, 미학적으로 하나의 태도를 위해 디자인된 집은 절대 유토피아에 다다를 수 없다. 이상적이라는 의미가 삶의 다양한 상태, 원하는 상태, 바라는 상태를 보여주는 것이 아니라, 진공속의 중립적인 상황을 보여주는 것으로 오해된다면, 그 또한 페티시즘의 또 다른 표현이 된다. 페티쉬는 단순히 대중적이고 관습적인 것에 국한되지 아니하며, 오히려 더 무서운 것은 표현이나 사조에 의해 조장된 페티쉬이며, 이들은 더 깊숙하고 뿌리가 보이지 않는다.

a-house를 통한 주거에 대한 묘사

벌써 오래 전 이야기가 되었지만, 2001년 9월 11일에 나는 뉴욕 대참사의 현장에 있었다. 충돌하는 비행기와 거기서 폭탄처럼 떨어지는 파편을 피하고, 무너지는 월드 트레이드센터를 보면서, 내가 느끼던 즉각적인 감정은 세계 평화에 대한 갈망도 아니었고, 누가 왜 이런 일을 하는 지에 대한 궁금도 아니었다. 한 옷 가게로 피신해서 몇 시간 동안 대화를 하게 된 몇몇의 사람들은 모두 다 똑같은 생각을 하며 얘기했다. 자신의 모든 배경을 무시하고 사람들은 가족을 보고 싶다는 매우 단순하고도 격렬한 감정 속에 하나가 되어 있었다. 그 곳에 '가족의 해체' 가 서 있을 공간은 없었다. 이 사건 후 보게 된 화가 이중섭의 그림이 더더욱 애잔한 것은, 아마도 극한의 고립된 장소에서 가족을 갈망하는 심정을 경험하였기 때문일 것이다. 사건 후 나는 모든 것을 버리고 가족들 곁으로 귀국하였다. 건축적 여정으로 생각하면 손해가 막심한 결정이었지만, 지금도 후회하지 않는다.

그런 사람에게 있어서 주거라는 것은 새로운 의미를 지니게 되었다. 이제까지 자신이 인식하듯이 단순히 하나의 사회적 유닛이 머무는 장소, 혹은 라이프 스타일에 의해서 결정되는 매우 패션어블한 장소가 아니라, 진정 그 구성원들의 행동과 행복, 그리고 안전을 책임져야 하는 배경으로서의 주거를 보게 되었다.

그 후, 맡게 된 이 주택의 계획에 구체적으로 임하면서, 나의 의도들은 서로 모순되었다. 건축이 외부로부터의 쉘터, 아니 요새로 기능해 가족 구성원을 지키고 싶다는 피해망상적인 관념과, 주거의 당연한 요구로서 자연과 외부와 최대한 관계를 짓고 싶은 욕망. 내부적으로는 가족간의 소통과 생활의 공유를 늘리고 싶다는 욕구와 하나하나의 공간이 또한 그 공간의 점유자를 위해서 기능할 수 있어야 한다는 생각. 여기에 건축가의 순수의지의 달성과 주거가 가져야 할 건축주에 대한 배려……. 초기부터 가진 이런 이중적인 욕구들에 의해서 계획안은 비틀어져 있으며 그 개념상 절충주의적이다. 항상 '순수한' 사고와 그 사고에 따른 '정직한' 적용이 당연하다고 생각한 사람에게 있어서 이는 매우 혼란스러웠으며, 새로운 과정이었다. 그러나 지금은 적어도 주거에 있어서는 이런 생각이 꼭 틀리지는 않은 것이라고 믿게 되었으며, 자신의 사고 또한 '완고한' 개념 속에서 조금은 삐져나온 것 같아 다행스럽다.

또한 주택의 근원적인 형태로 하나의 방을 생각한다. 하나의 방으로 주거를 고려할 때, 우리는 주거의 가장 원형적이고 완벽한 상태를 상상할 수 있다. 그러나 지금 우리의 복합적인 삶을 생각할 때

이는 원형적인 모델로만 존재하기 때문에 문제는 어떻게 공간을 늘리고 분리하면서도 하나의 방처럼 쓸 수 있는 가능성을 열어놓는가가 중요한 문제가 된다.

건물은 향과 대지 내에서의 내부공간과 외부공간의 무중심적인 배치, 병렬적인 배치를 위해서 동서로 길게 배치되어 남향으로 열려 있다. 이런 장축의 배치는 현관까지의 자연스런 전이공간의 가능성을 마련해주며, 일반주거에서 경험하기 힘든 깊이를 마련해 준다. 공적인 역할을 담당하는 1층에서 모든 공간은 끊임없이 이어져 있으며, 흐름은 반대쪽 원형계단까지 이어진다. 그러나 이 동선축은 기능상, 공간상의 이유로 단차를 두며 수직적으로 미끄러져 있거나, 평면적으로 살짝 미끄러져 있다. 이런 미끄러짐과 레벨 차이, 그리고 의도적인 '끊음' 을 통해서 각각의 공간들은 자신의 고유함을 갖게 되며, 이 고유함은 각각의 유닛에 부여된 외부 공간과의 관계에 의해서 완성된다. 사적인 영역인 2층에서도 모든 문은 미닫이문을 이용해서 평상시에는 항상 열려있으며, 필요시에는 공간적인 구분이 가능하다. 미끄러짐에 의해서 부분적으로 단절된 각각의 공간들은 다시 시각적인 연결로 다른 공간과, 또한 외부와 연결되어 있다.

DO WE NEED TO DESIGN YET ANOTHER HOUSE?

Throughout history of architecture, it is rare to find houses as a representative of change. (There are exceptions) House cannot be separated from socio-cultural influences and therefore to show a vast change the norms and functions are installed to concretely. Dwellings that are rumored to have played pivotal role in history are selected for their innovations in formal, spatial qualities rather than genuine change. Rather, the changes in housing seem to have evolved from structural changes in society itself and thus the alterations are caused by changes in our lifestyle or willingness of mass.

But on the other hand, there is no other genre in architecture that is as appealing and as fundamental as dwelling. Thus there are as many kinds of houses as there are numerous new chairs. (Do we need another new chair?) Thus we ask, what is in dwelling that architects find?

FETISH

Everything we do now in society (and alone) is based on capitalism. The vice that is so prominent in capitalism is fetish. Everything around us is turned into spectacle of fetishism. According to Marx, when entering into market place, all commodities acquire a certain mystique, a sort of proto-religious aura (today we would call it 'branding') that conceals or mystifies the actual social relations behind them. So Reinhold Martin asserts that "signature architecture" is related fetish that conceals in plain sight the emptiness and reproducibility of the signature as a mark of authenticity. This phenomenon is across all culture including architecture, but in dwelling do we find the extreme poles; one with such extravaganza (hidden agenda behind fetish, is usually ostentation), another in humble search for family unit and welfare of human. On this quite pole of 'real' authenticity and sincerity I find the possibilities of dwelling.

UTOPIAN SPACE OF DWELLING

Another attribute I find in dwelling is its utopian directionality, compared to other 'criticality' that seems to be in the heart of 'thoughtful' architecture. The social critique that plays a role in other genre of architecture does not apply to dwelling. Space of family carries apriori conditions that cannot be base of 'critical thinking' this of course does not imply our 'critical' actions stop on the doorstep. According to Jameson, the question of utopia resides, in essence, in our very ability to imagine our collective future, our capacity or willingness positively to affect the course of social change. He has defined the utopian as the opposite to 'replication'. Utopia proposes, in other words, revolution. Our negation of repetition and replication, in order to propose a utopian condition in each dwelling we design, is the answer to another house design.

PARTICULARITIES OF DWELLING, THROUGH A-HOUSE

On the day of September 11th 2001, I was at ground zero. Dodging debris from the crashing plane, watching World Trade Centre fall, my immediate reaction to the whole atrocity was not longing for world peace, nor hatred for whoever was responsible. I purely, sincerely just wanted to be with my family. This basic sentiment was shared by the group of people who found temporary shelter at a retail store. There was no room for any of the fashionable discourse of 'destruction of family' . After that, I gave up my career in New York City. I returned home, to Korea, where my family are. In terms of

1

architectural career, it was not a wise decision. But I have never regretted since.

Dwelling now carried a new dimension for me. It was no longer just another unit of society, nor a chic place based on life style. No more design solely on 'programs', 'events', or artistic license. It had become what it had been all along through history; a place, background that guaranteed family's happiness, security.

When commissioned to design a residence for four member family, my intentions were contradictory. Between a delusional urge to build a fortress from outside and another to relate and open to nature and surroundings; between an intention to make unit of the house to function for the particular occupant and urge to make a base for communication. Added to that, between a will to realize architectural epiphany, and care for clients. From the beginning, the design had been 'skewed' from these dualistic desires, and thus the result is eclectic. For an architect who believed in pure design motive and honest application, the whole process was very chaotic and also new. But I have come to believe that in regards to housing, this process does have its merits, and I also feel kind of relief that I have escaped a narrow view.

For maximum exposure to sunlight and also for non-central composition, the building sits longitudinally from west to east. This sitting also allows natural deep transition space from street to porch. For the ground floor which acts as a public domain within the house, every section of space flows without interruption, which finally reaches the round stairs on the other side. But this circulation axis 'slips' sideways for functional and spatial reasons. Through this slippage, assigning different levels, and intentional loose 'break', each section achieves its identity and unique position. This identity is perfected by the relation to outside space. Every room is directed to its own outside function: garden, knee-deep pool, and deck. On second floor, all doors are slide-doors, which allows for seamless connection between rooms in the daytime. When needed, the rooms become separate identities, still connected visually through openings in-between.

m-house
(Museum House)

Nam, Soohyoun

경기도 안성시 공도읍 마정리 223-160번지
223-160, Majeong-ri, Gongdo-eup, Anseong-si, Gyeonggi-do, Korea

단독주택, 지상2층, 연면적 615㎡, 철근콘크리트
Single House, 2F, Gross Floor Area 615㎡, R/C

주택의 근원적인 형태로 하나의 방을 생각한다. 하나의 방으로 주거를 고려할 때, 우리는 주거의 가장 원형적이고 완벽한 상태를 상상할 수 있다. 그러나 지금 우리의 복합적인 삶을 생각할 때 이는 원형적인 모델로만 존재하기 때문에 문제는 어떻게 공간을 늘리고 분리하면서도 하나의 방처럼 쓸 수 있는 가능성을 열어놓는가가 중요한 문제가 된다. 전체 공간은 하나의 램프에 '매달려' 다이닝 공간, 리빙 공간, 아이들을 위한 방의 공간, 마스터 배드룸, 그리고 옥상공간으로 이어진다. 또한 매우 훌륭한 미술작품을 소장하고 있는 건축주를 고려하여 이 램프 공간은 전시공간으로의 기능을 더불어 갖게 된다. 입면에서는 북측에서의 매서운 바람과 남측으로의 해바라기 같은 성향의 오프닝들을 고려하게 되어, 두 입면은 완전히 다른 구성방법을 갖게 되었다. 안채에 존재하는 한옥과 관련하여 건물은 전체 대지의 병풍의 역할을 하면서도 자신의 정체성을 유지하게 될 것이다.

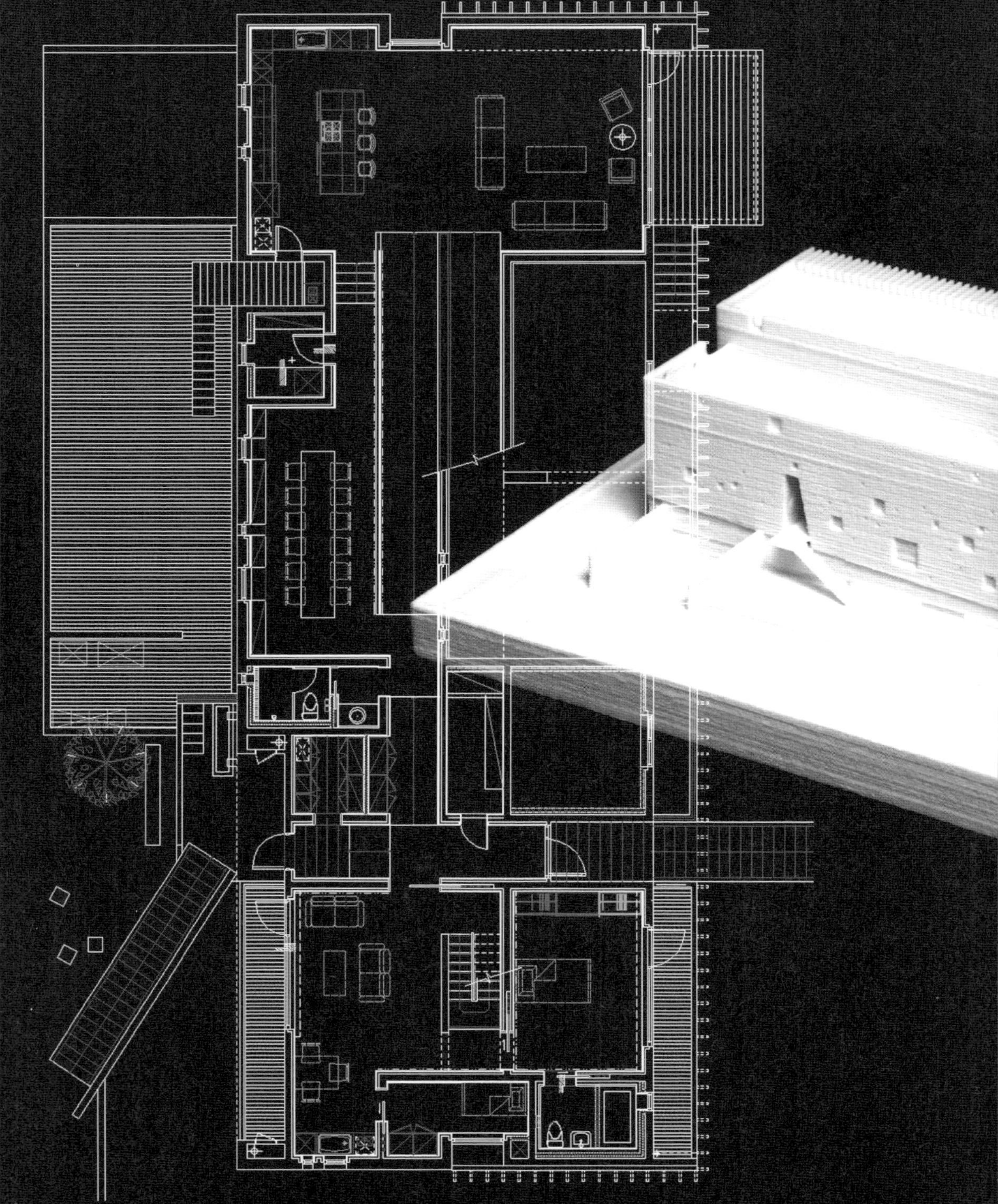

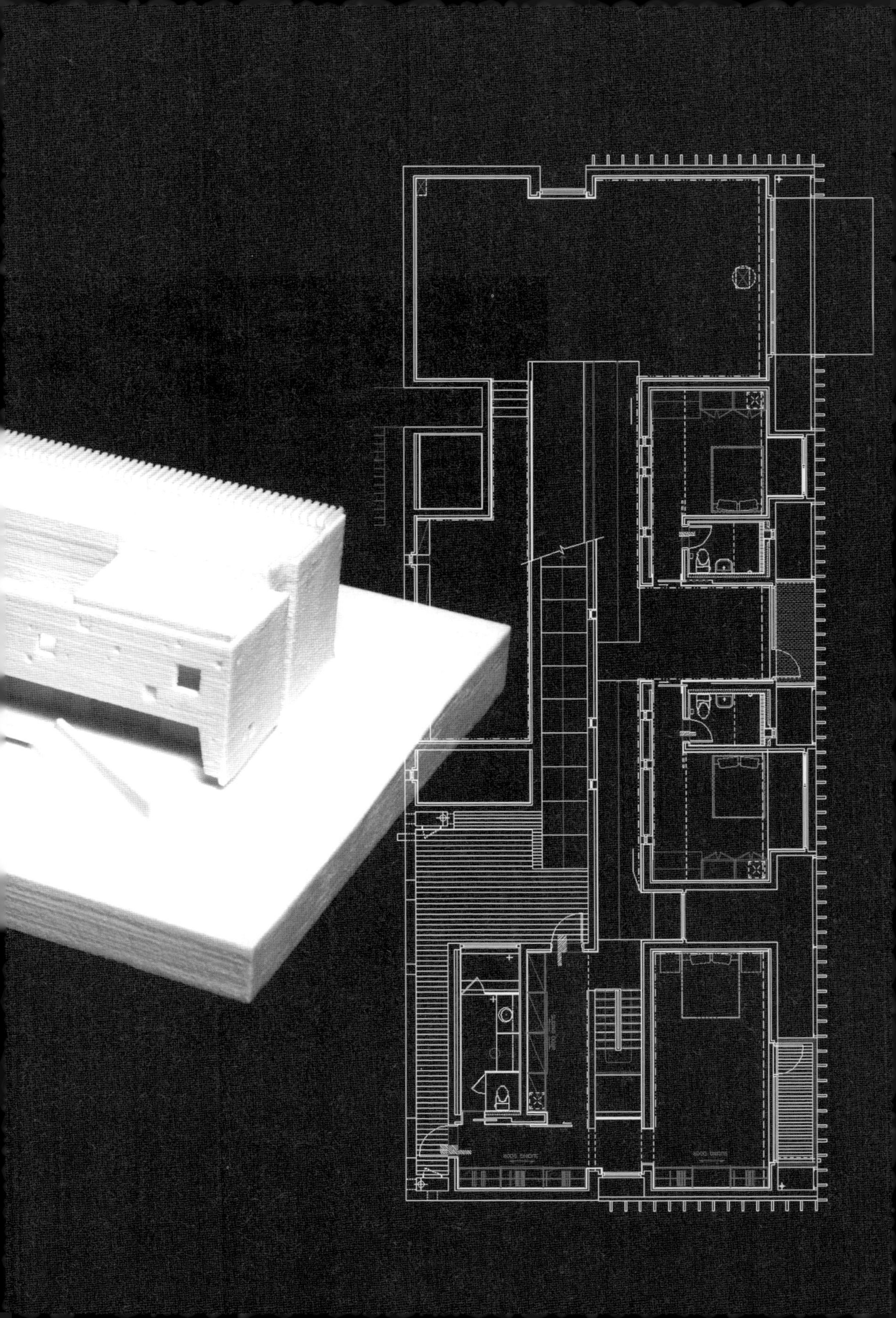

CIRCULATION SEQUENCE

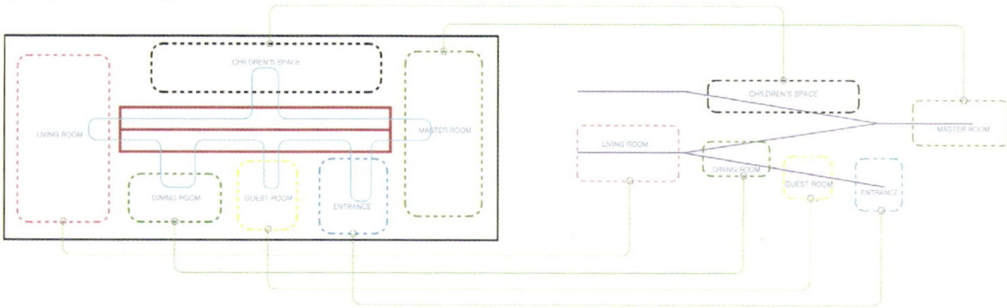

Dwelling is thought to be one of the most resilient forms of architecture. But upon close inspection of history, it becomes evident that perhaps it is a form that went through most vibrant changes. But this notion of conservativism rise from the fact that in a given time and social conditions, adjusting the typology of 'a house' is usually viewed as a brutal act of an architect for novelty. Hence lies the problem: how one should proceed to incorporate the on-going changes of 'living' with the given norms. From our search to 'break' the rooms from their independent states (in our previous projects a house and g house), now we have begun to apply non-sensical and playfulness as an antidote to seriousness. The very 'casing' of a family has become a non-sensical proposition since the core concept of family is in process of redefinition. Perhaps this can only be exercised to a single residential type, with the clients known and willing. This is a quest we would like to follow through our following projects.

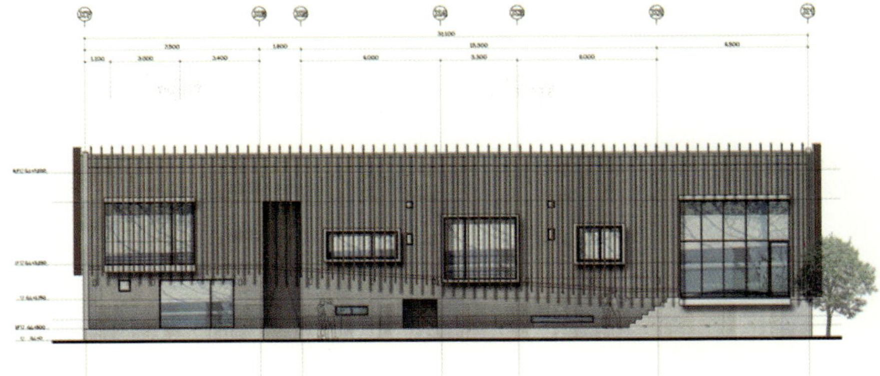

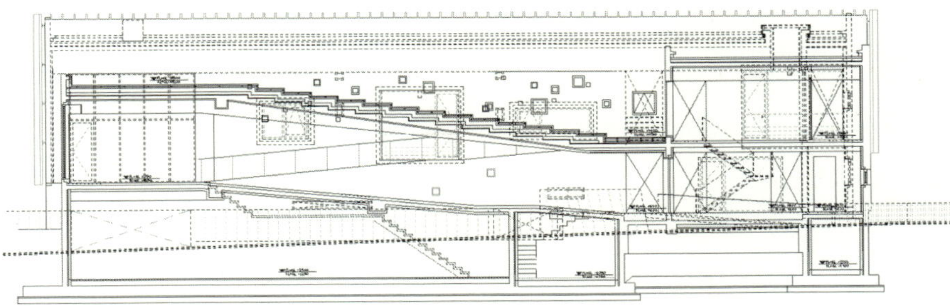

정 면 도 - A

Interlock

한남동 UN 빌리지 주택

— **Min, Sung Jin**

서울시 용산구 한남동
hannam-dong, Yongsan-gu, Seoul, Korea

일반주거지역, 지하1층 / 지상2층, 연면적 544.22㎡, 철근 콘크리트
Residence, B1/2F, Gross Floor Area 277.05㎡, R/C

건물이 위치한 대지는 서울 도심이지만 한강을 조망할 수 있으며 널찍한 정원을 가지고 있어 도심 속의 전원주택이 될 수 있는 멋진 Site이다. 건물은 크게 ZONE 1과 ZONE 2로 나누어 해석할 수 있다. ZONE 1은 한강과 대지가 기준이 되는 시각적 열림의 축이며 주방, 식당, 거실 TV룸 등의 공용부이고, ZONE 2는 privacy가 지켜지는 상황에서 한강을 조망하고 정원의 조경을 즐길 수 있는, 3개의 침실과 화장실, 옷방 등으로 이루어진 공간이다.

디자인 근원 중 하나는 조경과 건축물과의 연계성이다. ZONE1, ZONE2는 맞물리면서도 엇갈린 배치로 이루어졌고 2층 테라스를 정원의 계란형태 Courtyard의 연장선상에 있도록 하여 건축물의 일부분인 느낌을 가질 수 있는 외부 정원공간을 구성하고자 하였다. 정원을 통해 진입을 하게 되면 안방 앞으로 작지만 가장 Private하면서도 아늑한 조경공간과 만나게 된다. 도로변에 접한 키가 크고 곧은 조경수들은 건물의 시선 축을 결정지어주는 중요한 요소이며 강변부의 조경계획은 대지형태 및 GARDEN PARTY의 활용에 따라 디자인 되었다.

건물 후면부의 조경은 VM ZINC, LIME STONE, REINE ZINC로 이루어진 건축물과 담장 사이공간에 나무를 삽입하여 건축물과 조경이 어우러져 읽히도록 유도하였다.

ZONE1은 진입도로(상부도로)와 수직으로 배치하여 진입이전에 건물에 대한 형태적 경험을 할 수 있도록 하였다. ZONE2는 밝은 색의 REINE ZINC로 이루어진 ZONE1이 기준이 된 상태에서 어두운 색상의 VM ZINC가 ZONE2의 공용부를 massing 으로 파고드는 형태를 취하고 있으며, 외부의 느낌이 내부에서도 그대로 이루

어지도록 ZONE2의 외부 마감재를 내부 복도면과 천정에 사용하였다. 외부는 곡면형태에서 나타나는 부드러운 선형과, 각으로 끊어지며 표현되는 강인한 선의 엇갈림이 대비되면서 하나의 역동적인 형태로 조화되도록 하였다.

미술을 전공한 건축주와 건축주가 추천된 아티스트들과의 공동작업은 디자인에 많은 영향을 주었고, 그 요소들은 건물 내/외부에 있어서 Layer를 더하며 깊이감을 주었다. 주택의 2층에 위치한 거실은 한강 전경이 한눈에 보이는 5M의 대형창과 유화대작, ZINC 소재의 슬리이딩 도어, 작가 박영남 선생의 스테인드글라스

작품으로 구성되었는데 이 소재들은 외부의 파격성을 내부로까지 연장 시켜주며 내외부의 단절성을 완화시키는 역할을 한다. 다이닝룸에는 작가 신상호 선생의 Tile작품을 바닥에 설치하였는데 이를 통해 새 건축물에 인간적인 푸근함과 세월을 깊이감을 주었다. 건물내부 Railing은 철의 특성을 잘 이해하고 있는 최홍규 선생이 디자인하였는데 Texture와 질감이 훌륭하다. 예술가 및 조경디자이너들과의 공동작업은 건축가에게 좋은 경험과 기회가 되었으며 건축물에도 생명력을 더하여 주었다. 또한 이후 작업에서도 예술가, 조경디자이너와의 공동작업에 대한 가능성과 욕구를 확인 할 수 있는 계기가 되었다.

Residence A is located in central Seoul, but has rural scenery with the geographical condition that it faces the Han River. Because of this landscape, the building is divided into two parts. The first, which can be called "Area 1," is composed of common spaces such ad dining room, kitchen and living room, with a visual opening axis based on the Han River and the ground. The second, "Area 2," encompasses three bedrooms and a toilet that keeps privacy and provides a view of the Han River. The areas engage

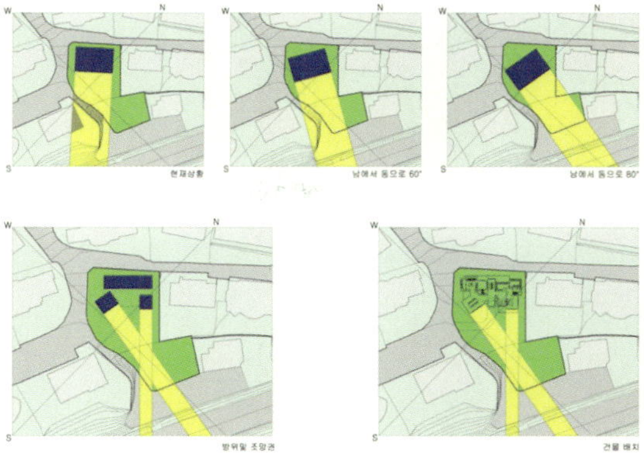
W
N
S
현재상황
남에서 동으로 60°
남에서 동으로 80°
방위및 조망권
건물 배치

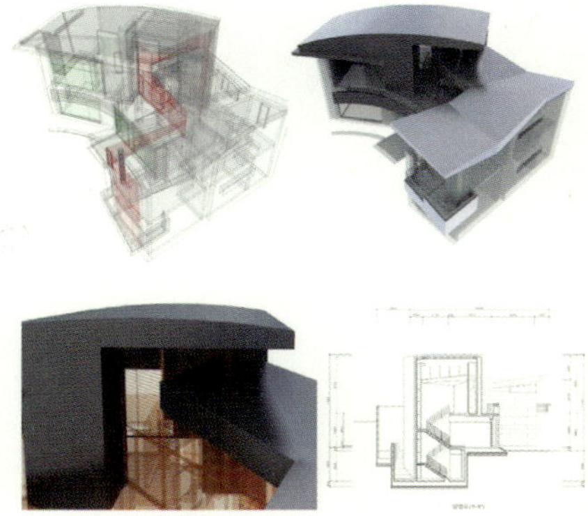

each other, but have a cross-arrangement. The second-floor terrace between the two areas composes an outer space that functions as an extended garden. The straight trees on the roadside are important constituents to determine the building's visual axis, and the landscape design for the riverside area is made according to its use for garden parties and the shape of the ground. The back area combines naturalness and artificiality by inserting trees between hedges and building composed of VM zinc, lime stone and Rhein zinc, Finally, the architectural design of Residence A can be summarized as the relationship between building and landscape or surroundings. Area 1 is vertically arranged to the access road and determines the recognition of the building's form from the outside. Area 2 relieves the discontinuity of inner and outerspaces by connecting outside finishing materials to the inside corridor and ceiling. The exterior generally uses soft curves, with a contrast of crossing straight lines to make dynamic forms. Collaborative works by artists recommended by the owner, who studied fine art, add affection to the design, and their elements give depth to the inside and outside of the building. A stained glass work by Park Young-nam adds to the reception on the second floor, which has a panoramic view of the Han River. A tile work by Shin San-ho installed on the dining room floor gives a depth of time and human sense to the space. The handrail and other rails in the building are given an unusual texture by Choi, Hong-kyu. These collaborative works with artists and landscape designers are the second element to create fine architecture.

JEJU WIMIE

WiMie House in the southern part of JeJu island is only 50 meters away from the coastline, offering a fine view of the ocean.

제주도 남제주군 남원읍 위미리
Uimi-li, Namjeju-gun, Jeju-do

단독주택, 지상2층, 연면적 250.26㎡, 철근 콘크리트
Single House, 2F, Gross Floor Area 250.26㎡, R/C

제주도에서도 남쪽해안에 위치한 위미의 주택은 불과 50여미터 앞에 바다가 펼쳐진 뛰어난 풍광을 자랑하는 곳이었다. 거실을 중심으로 자유롭게 뿌려진 듯 공간이 배치되어 있는 듯 하지만 건축주의 간절한 요구로 인하여 각각의 매스의 위치에서 보다 더 나은 view를 위하여 한 곳, 한 곳 직접 조망을 한 후 대지에 자리 잡게 되었다.

단순한 기하학적 형태의 매스들의 집합인 위미 주택은 주변환경에도 자연스럽게 순응하고자 하는 맥락에서 출발하였다. 주변의 이웃들의 조망을 해치지 않기 위하여 바다에서 바라보았을 때 하나의 등대와 같은 공간이 되는 건축주의 침실과 서재가 있는 매스는 형태에서 그 요구를 충족시키고 위치에 있어서는 주위에 방해되지 않도록 배치하였다.

외부의 자연이 내부로 유입되도록 천창과 창호를 배치하여 햇빛과 바람의 길을 만들어주고, 내부에서 보이는 창밖의 풍경들은 호기심을 유발하여 내, 외부 공간의 회화적, 공간적인 이야기들이 생겨 이 곳에 있는 사람들이 이를 즐기실 수 있는 바람을 담아보았다.

훗날 연세가 드신 후에도 집을 사용하는데 불편이 없도록 이동공간과 생활공간의 디테일들까지 계획하였고 작업실로도 이용될 서재는 철저하게 프라이버시를 보장할 수 있도록 수직동선을 배제하여 이 건물의 숨어 있는 건축주 본인만의 공간으로 남겨주었다.

아무쪼록 자연과 함께 변화하며 살아갈 이 건축과 사람이 그 속에서 함께 숨쉴 수 있길 바란다.

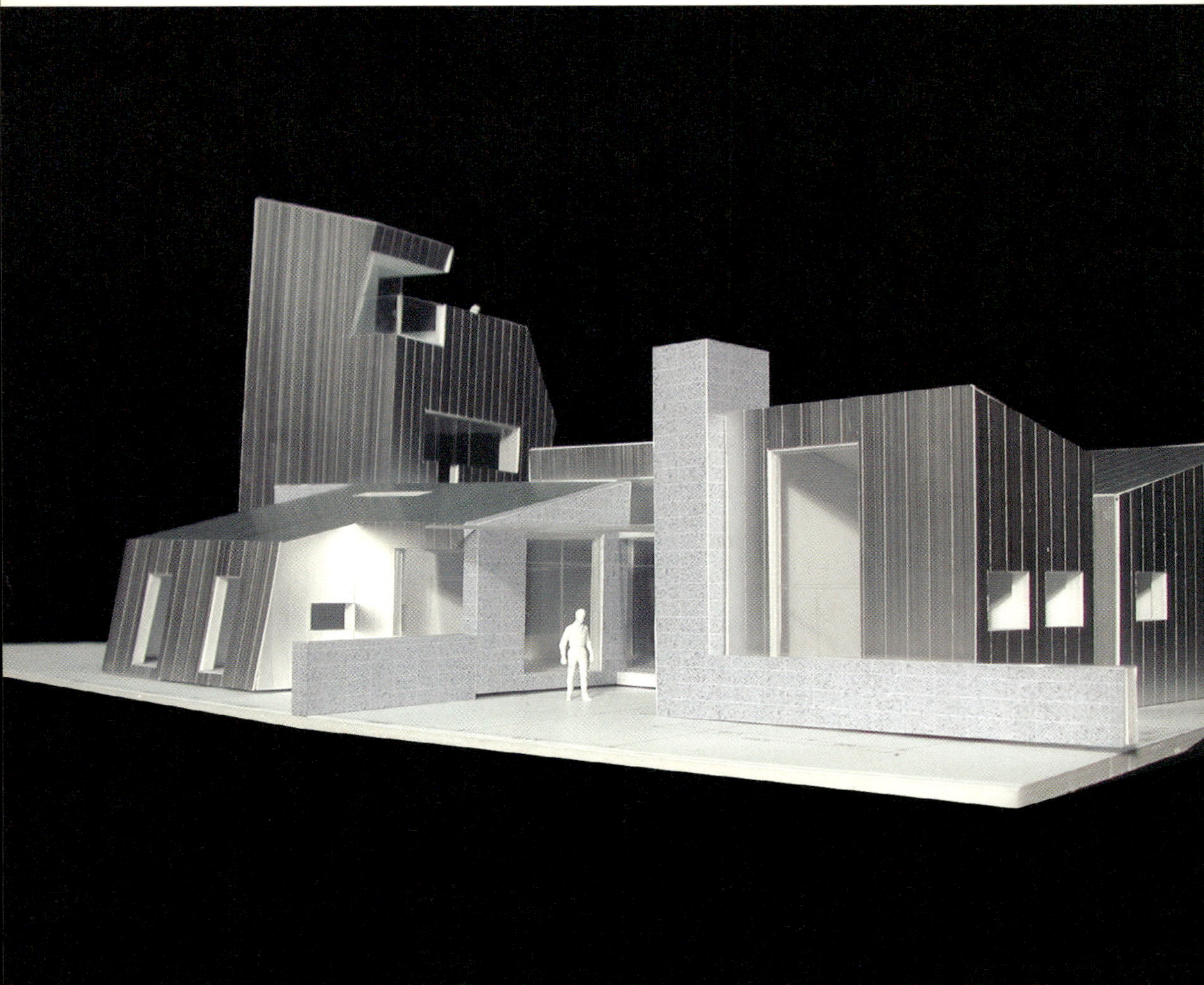

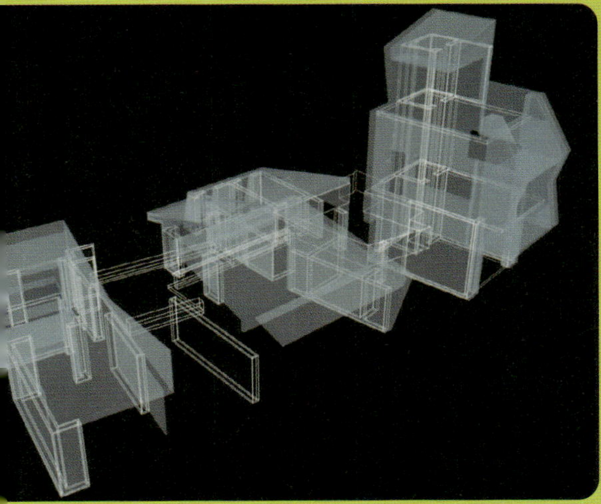

Its neighbors are low detached houses and several thatched - houses, which means that the natural environment is comparatively well preserved here.

Its neighbors are low detached houses and several thatched - houses, which means that the natural environment is comparatively well preserved here.

The main concept was to unite building and site by laying out the building in harmony with its surroundings.

The masses deployed to command their own views of the nature are converged onto a single building through a public space. This space forms inside and outside subspaces of diverse forms. It also plays a role of a natural route through which sunlights and wind travel.

The solid masses expand via stone embankment to the entire site. The stone boundary wall derived from the local tradition of the island becomes a part of the building as well as the garden. It serves to link, divide and/or embrace these two spaces.

The garden divided by the stone embankment becomes a unique frontyard for each mass. Through this outdoor space, the building can expand throughout the site and induce a compact nature inside.

The masses each of which is positioned in a different shape are supported by the garden and its views of diverse forms to feature the building as if it were formed by several pergolas combined.

The living room open both inside and outside links front and back yards with the deck physically and visually, and thus, it plays a role not blocking but communicating.

The building laid out geometrically looks like a part of the nature as if it were rooted into the earth. The site as wide as about 2,500 square meters was planned not as simple landscape;the garden breathes together with the building as a part of the nature. The roof was adequately tilted in consideration of neighbor houses locations and views, while the outside wall was made of the local stone to preserve the atmosphere of the traditional village.

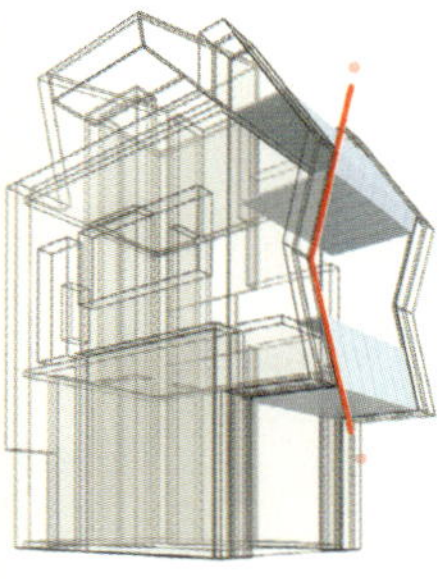

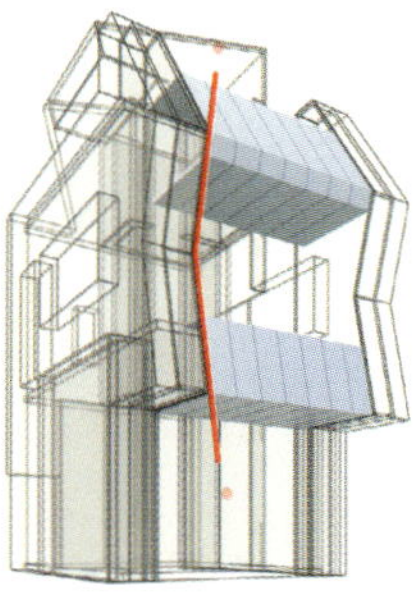

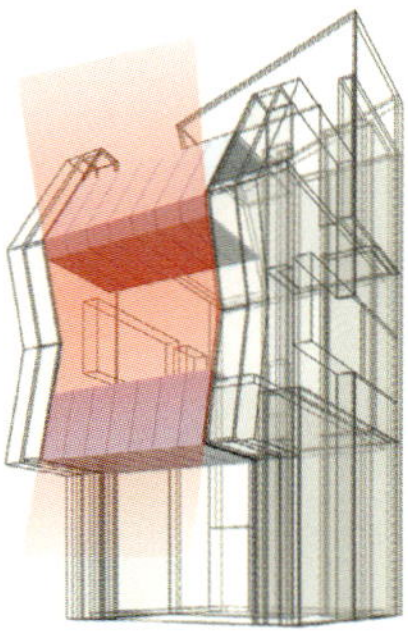

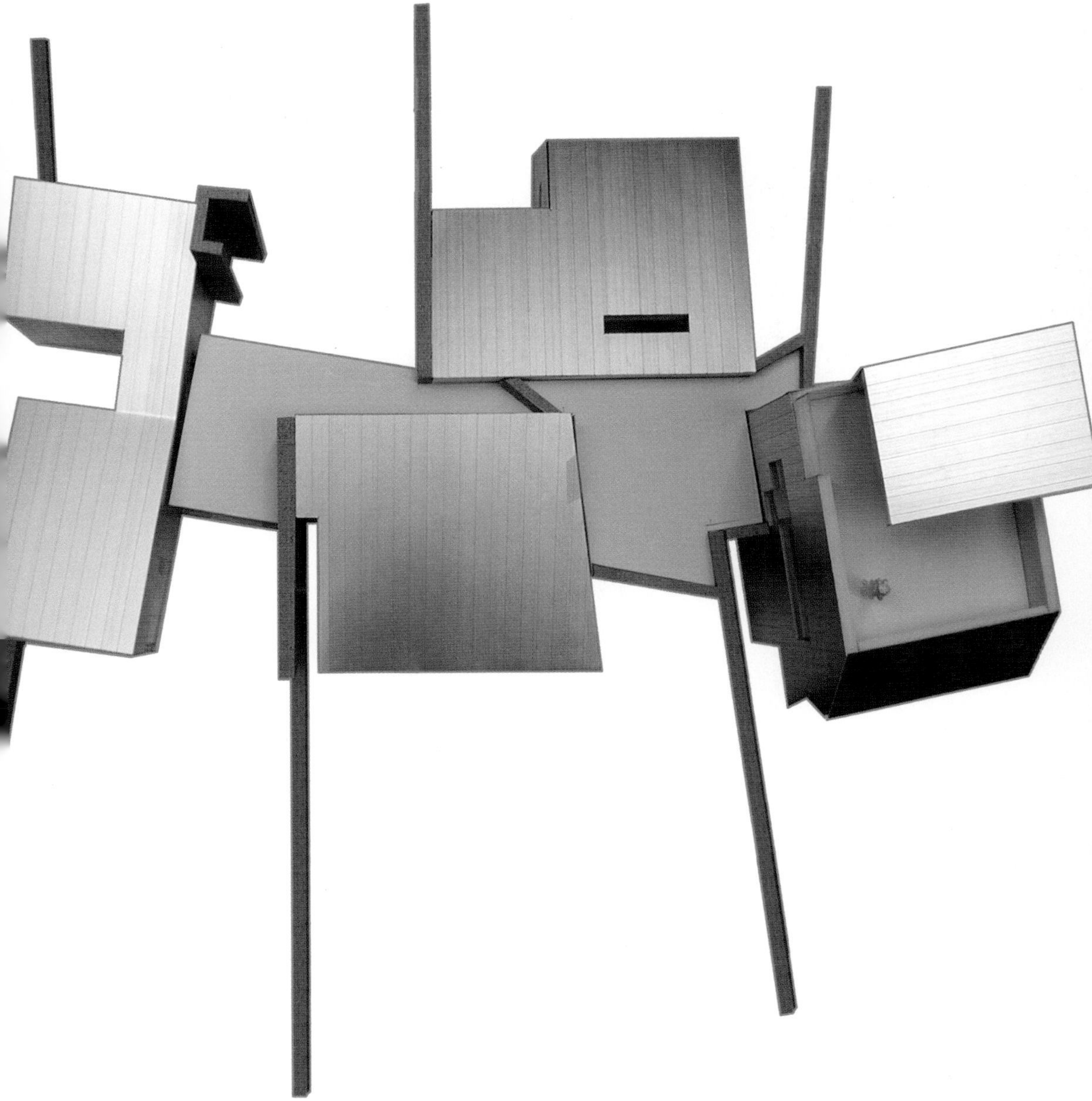

The mass planned uniquely as triple height is reserved for a reading room where the client will spend most of his time. It is an exciting space offering a sweeping view of Mt. HalLaSan to the north and the ocean to the south. When it is lighted at night, it would play a role of lighting house.

3 Works of CONTINUUM

(Small Urban Housing Projects)

Park, In Kyoo

Before now in the few residential projects I've undertaken the image of architecture has been fragmented with efforts to emphasize the meaning of architecture, but now architecture is unfolding in an entirely opposite direction in which design follows the course of architecture continuity.

The reason has everything to do with the relationship between this continuity and space which ralationship can be defined as the occupant's to life's natural course.

I am with great fervor changing the pattern to which I've attenuated my personal thoughts on architecture.

This continuum's meaning is two-fold:

1. In this investigative model smaller elements have a more decisive role in the creation of space. Just as one pressure upon one point extends and transforms another point, in this modeling system lines have no terminus but continue to join.

The architectural modeling concepts of external(environmental) factors and internal(client-based) demands together transform the mass with flexibility and correspond to a structural concept much like that of a rubber membrane.

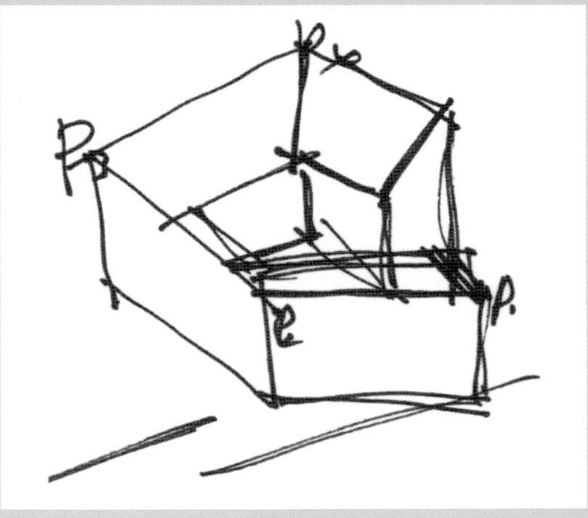

2. Geometric transformation together with continuity enables modeling to guarantee architectural symbolism. This yields the clear expression of today's environmentally conscious architecture namely, harmony between urban and natural environments, context, recognition, erasure and antithetical demands.

More specifically, modeling is performed by creating basic models chosen from spatial models which most closely meet the criteria of unified volume simulationsdeveloped according to the demands of area and volume. The computer graphic modeling is performed by a sequence of transformation-model studies-numeric analysis-plans and drawings. Computer graphic primarily use cubic combinations as a starting point from which to create basic models. These models are pushed and pulled into tranceformational simulations and then changed into numerical values and drawn in plans.

The resulting perspective of the entire space becomes emphasized as not planar but solid, thus generating a conscious of depth.

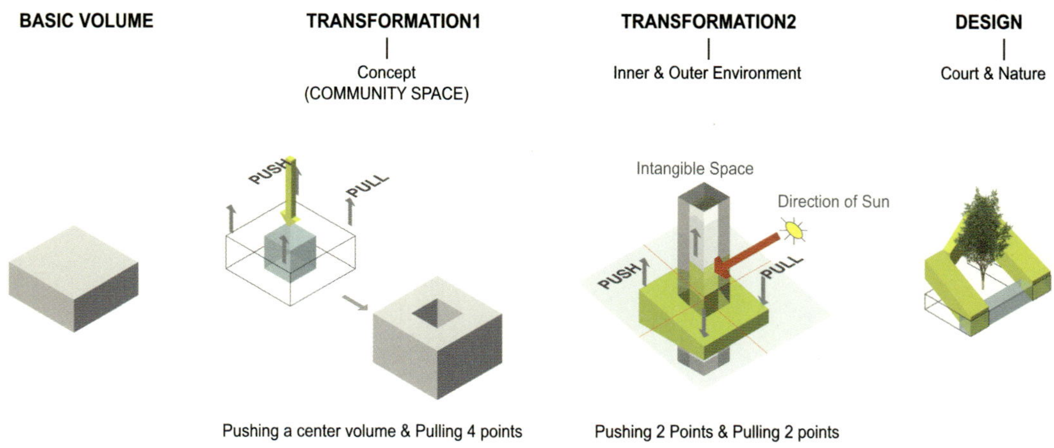

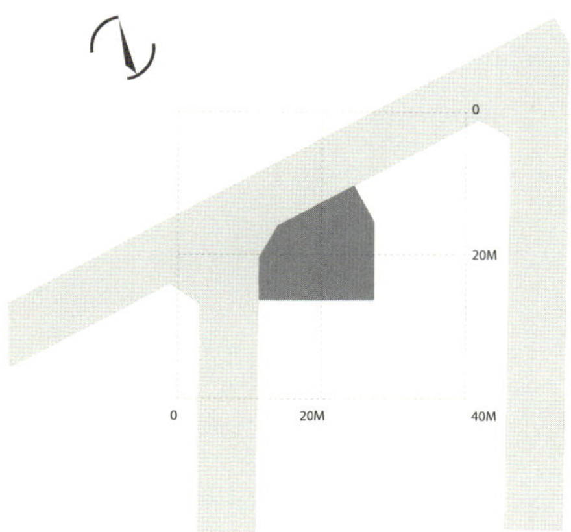

Site : Eonnam-dong Giheung-gu Yongin-si Gyeonggi-do
Use District : 1st Residential District
Lot Area : 243.0㎡
Building Area : 144.84㎡
Gross Floor Area : 316.50㎡
Building-to-land Ratio : 59.60%<60%
Capacity Ratio : 102.45%<120%
Structure : Reinforced Concrete
Materials : Exposed Concrete, NT Panel
Parking : 2

CONTINUUM Ⅰ

Like a Mšbius band this residential space will connect both starting and ending points by combining each space in a single continuous space which also combines the air, light, directions of movement and lines of sight.
A courtyard placed in the center of this Mšbius band serves as the residence's center and creates a formless link between the other spaces.

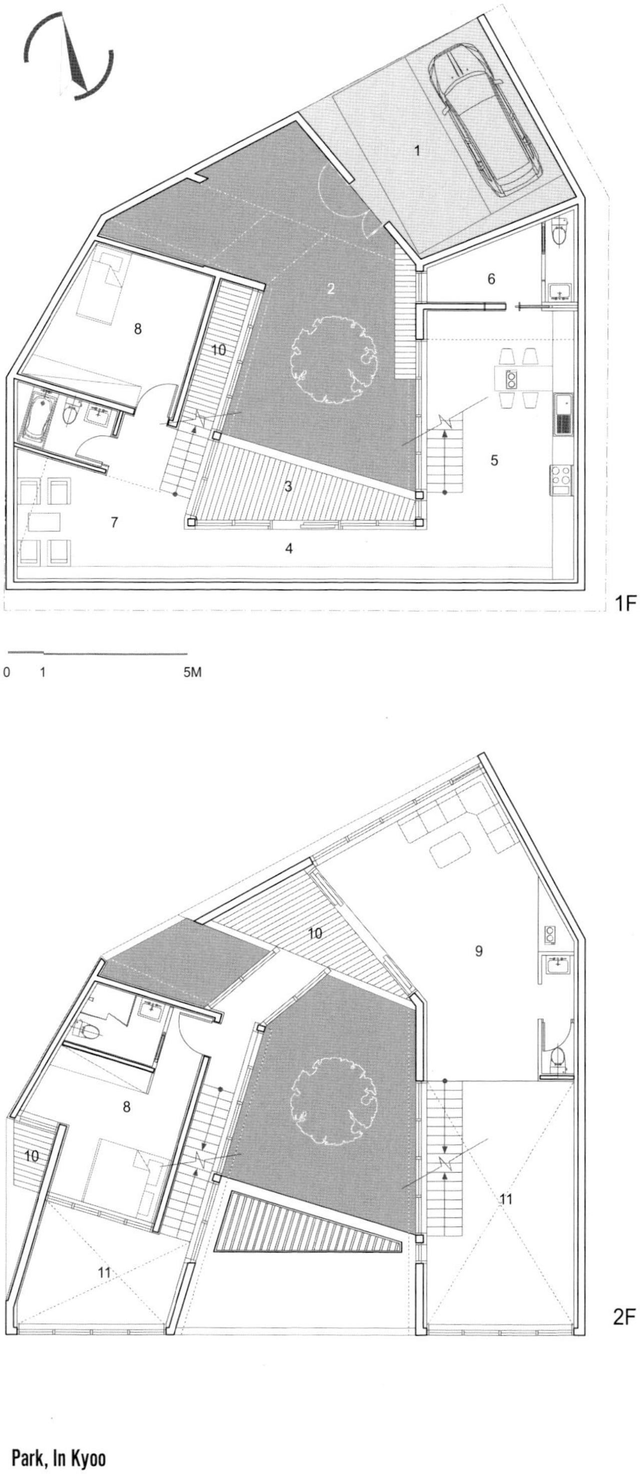

PLAN

1. Parking
2. Court
3. Entrance
4. Hall
5. Kitchen
6. Utility
7. Family Room
8. Room
9. Living
10. Terrace
11. Void

ELEVATION

W–E Elevation

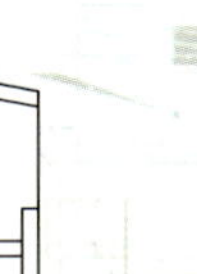

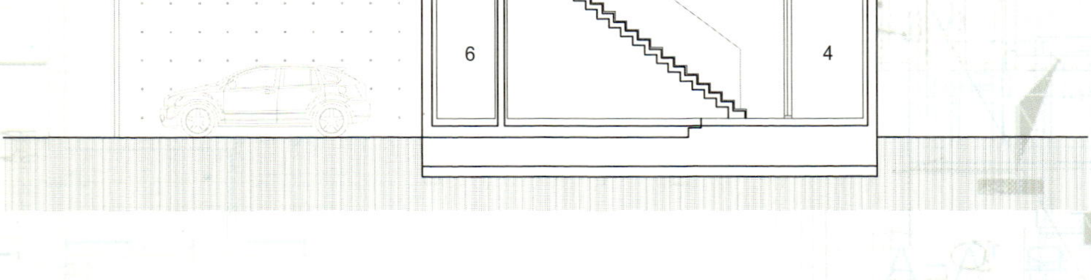

SECTION

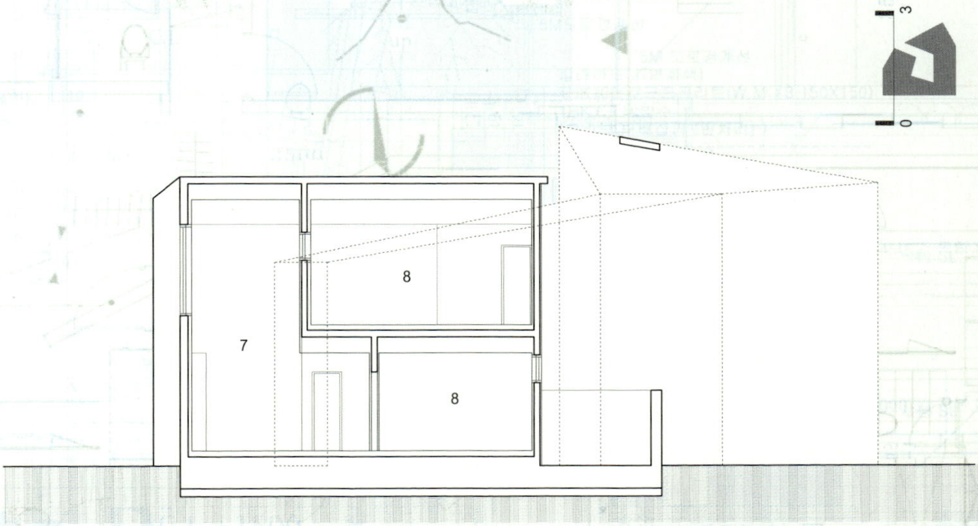

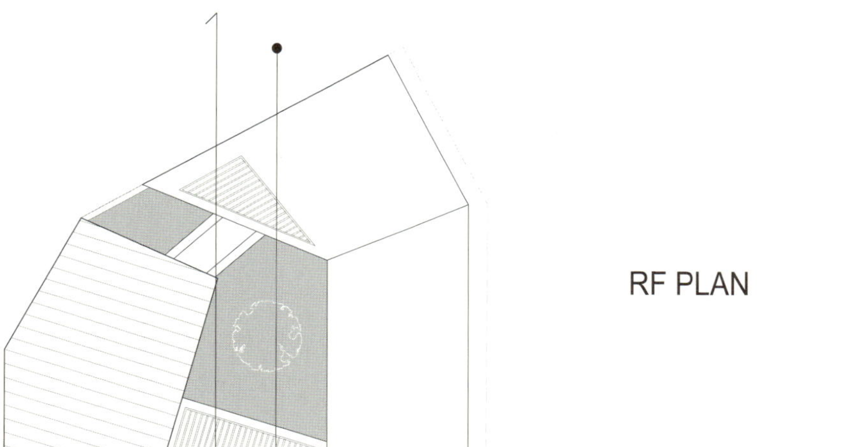

RF PLAN

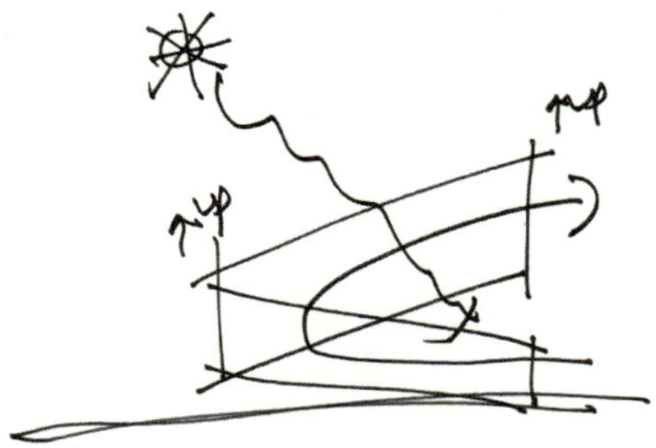

주어진 대지안에서 건축할 수 있는 용적률의 볼륨을 가지고 건축외부적인 요건과 건축주의 공간 요구사항 등을 반영하여 볼륨 끝의 점(point)을 누르고 잡아당기는 일련의 과정을 거쳐 전체적인 볼륨의 체적을 동일하게 가져가면서 형태의 변이에 따른 소점의 변화에 의해 공간질의 차이를 발생케 한다. 이렇게 생성된 공간의 여백들은 〈공간을 뺀다〉 〈공간을 비운다〉 라는 개념과는 다른 것으로 연속체로서 모든 점들이 이어져 있기 때문에 건축적 시인성과 함께 협소한 대지안에서 최대한의 깊이감을 부여할 수 있는 공간을 만들 수 있게 된다.

이 주택은 3인 가족과 머지 않아 태어날 또 하나의 아이를 위해 밝은 공간을 마련하였고 가족들의 프라이버시의 침해를 받지 않고 자유롭게 뛰놀 수 있는 마당을 도입하였다. 남측으로 열려진 기하학적 형태의 마당은 공간중심으로서 다양한 공간의 질에 대응하고 있으며 입구에서부터 모든 공간들이 마치 뫼비우스의 띠 처럼 입체적인 공간으로 연결되어 있다.

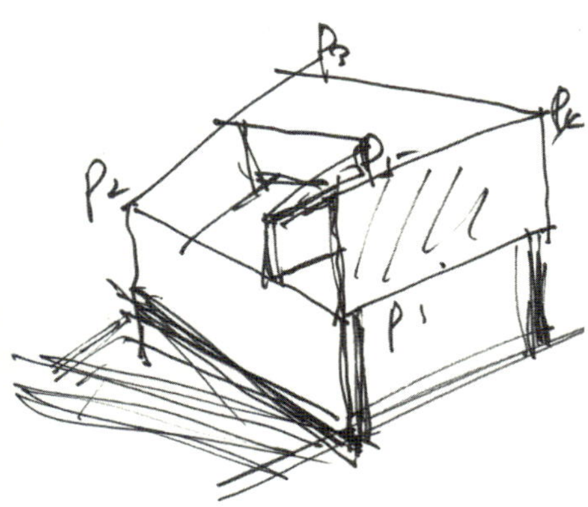

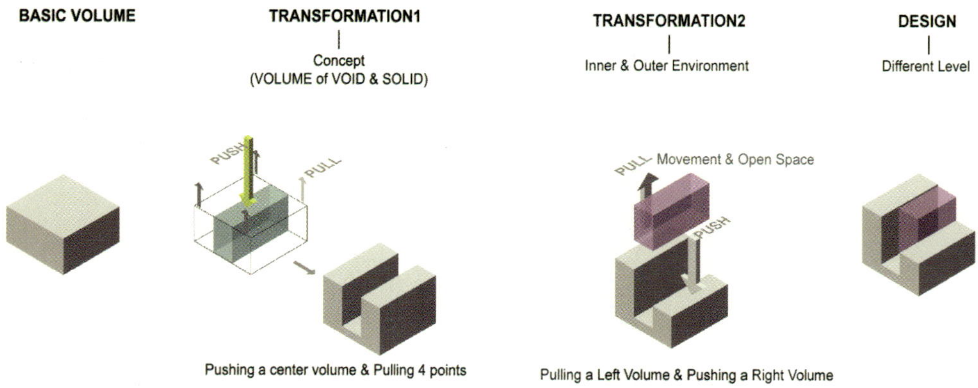

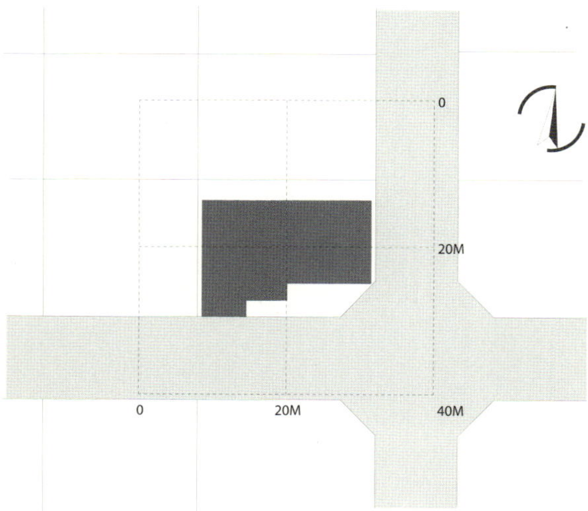

Site : Jung-dong Giheung-gu Yongin-si Gyeonggi-do
Use District : 1st Residential District
Lot Area : 222.9㎡
Building Area : 131.34㎡
Gross Floor Area : 293.95㎡
Building-to-land Ratio : 58.92%<60%
Capacity Ratio : 106.86%<120%
Structure : Reinforced Concrete
Materials : Exposed Concrete, NT Panel, Birch
Parking : 2

CONTINUUM II

This residential space will use the axis of a central volume on the left of which another volume is raised.
The lower space will be used as a parking area at the same time providing a public space.
The right hand volume will be a continuous external element in a vertical direction and contain a private space in the center of which a terrace and vertical service space maintain the structureS̃ continuity.

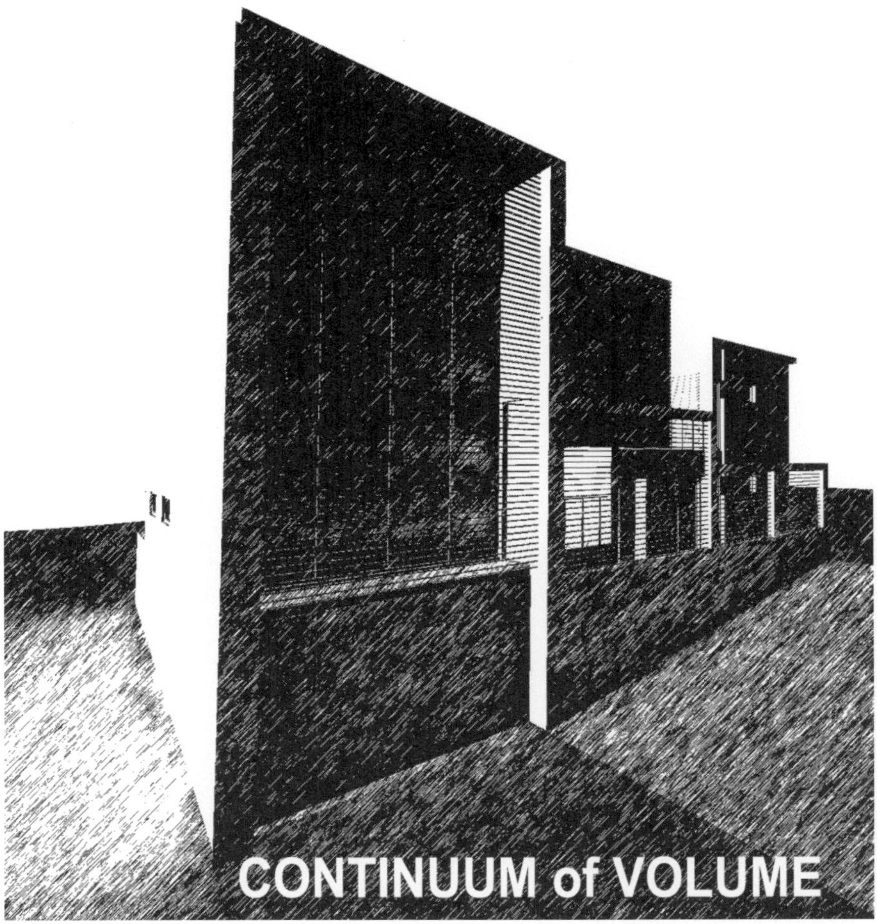

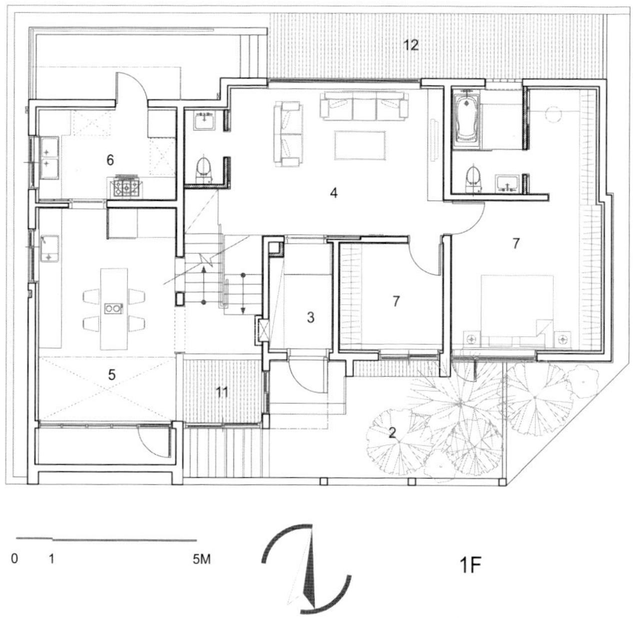

1F

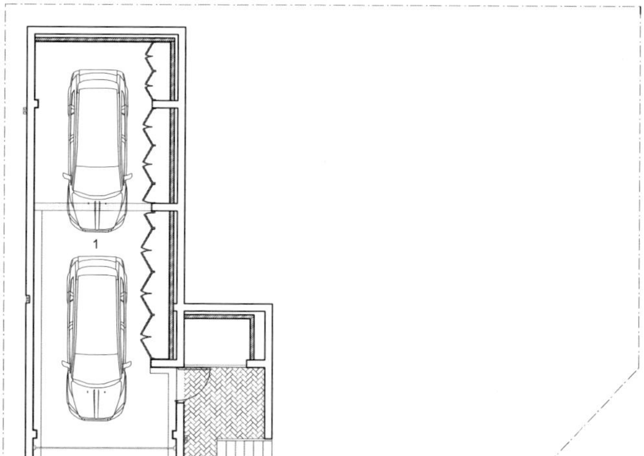

BF

PLAN

1. Parking
2. Court
3. Entrance
4. Living
5. Kitchen & Dinning
6. Utility
7. Room
8. Family Room
9. Library
10. Void
11. Terrace
12. Deck

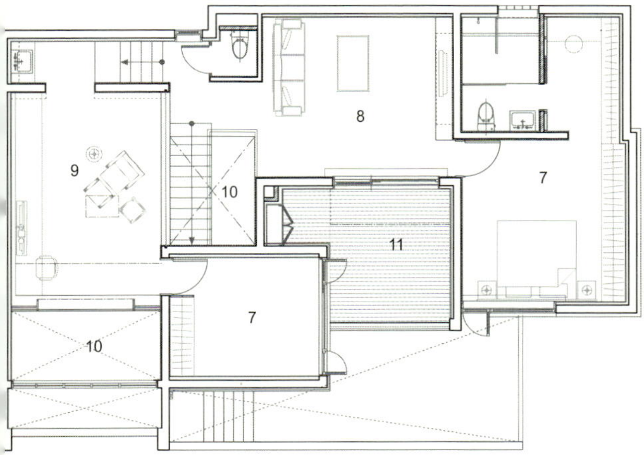

2F

W-E Elevation

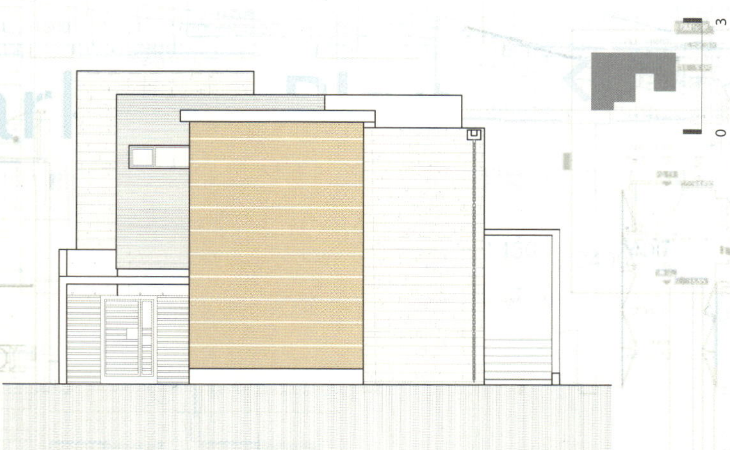

LEVATION

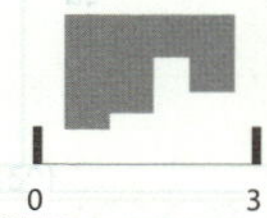

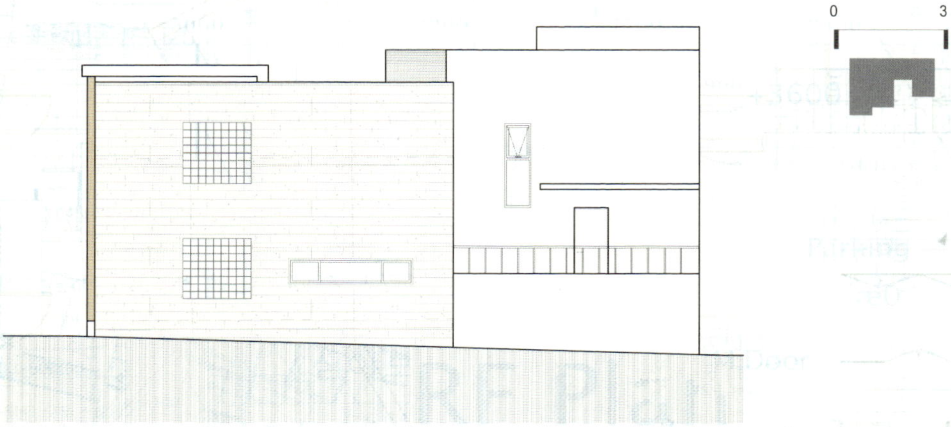

ELEVATION

Elevation

W–E Elevation

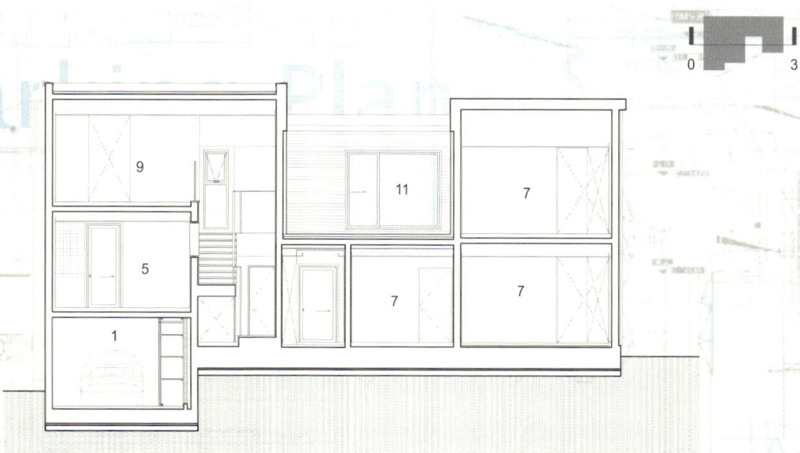

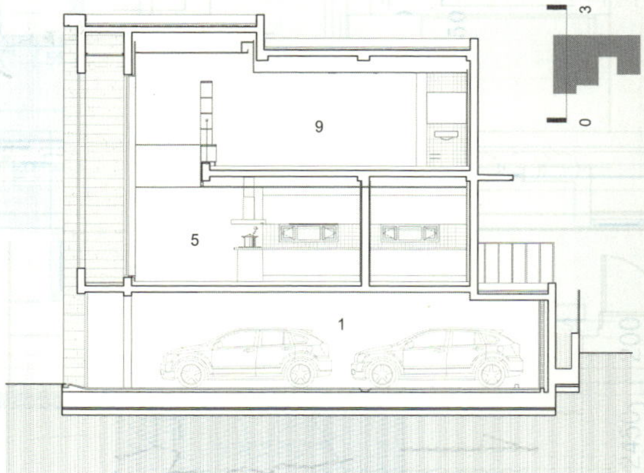

SECTION

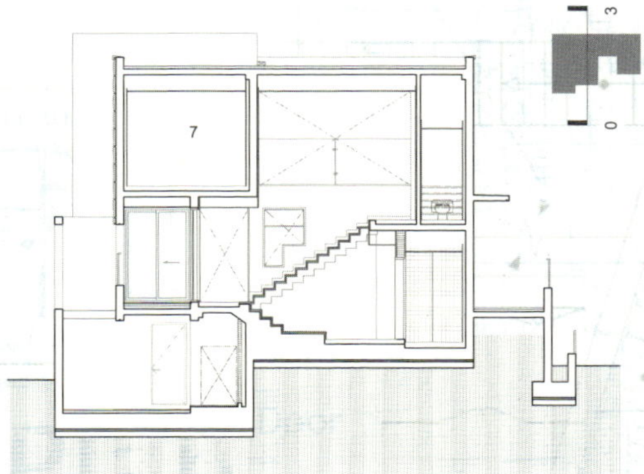
7
3
0

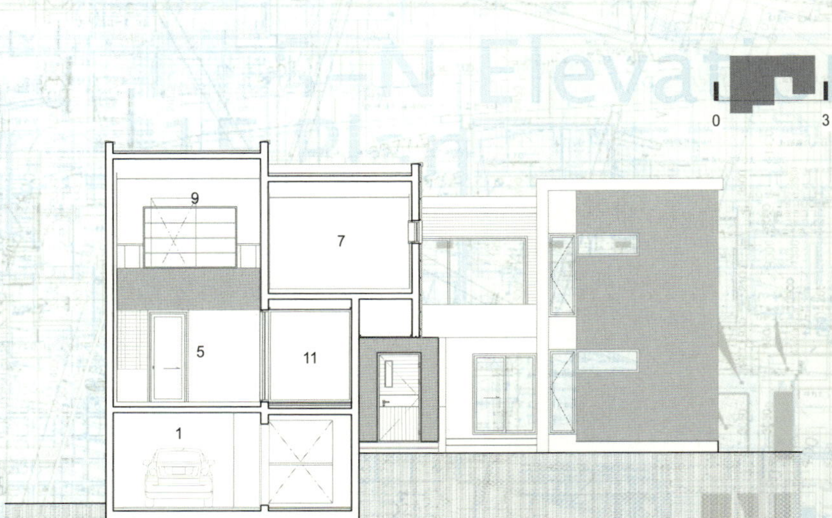
0
3
9
7
5
11
1

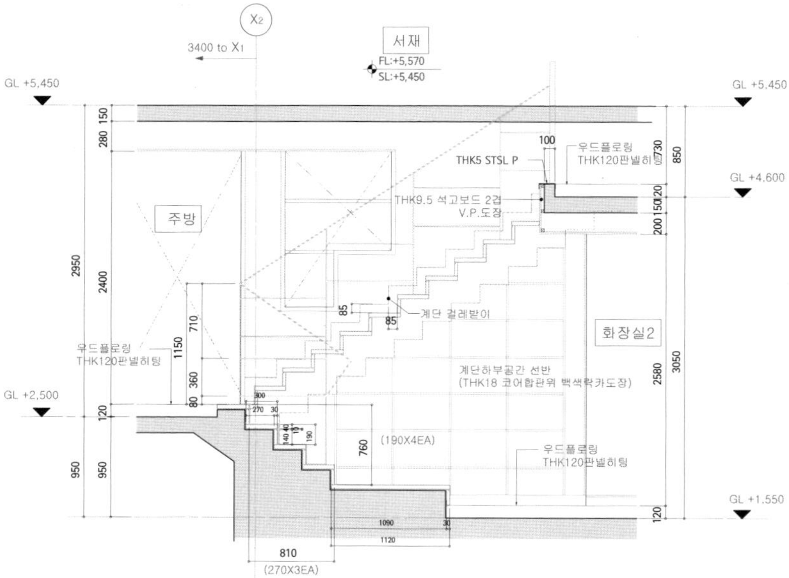
서재
FL:+5,570
SL:+5,450
3400 to X1
GL +5,450
GL +4,600
GL +2,500
GL +1,550
주방
화장실2
THK5 STSL P
우드플로링
THK120판넬히팅
THK9.5 석고보드 2겹
V.P.도장
계단 걸레받이
계단하부공간 선반
(THK18 코어합판위 백색락카도장)
(190X4EA)
810
(270X3EA)

A-A' SECTION

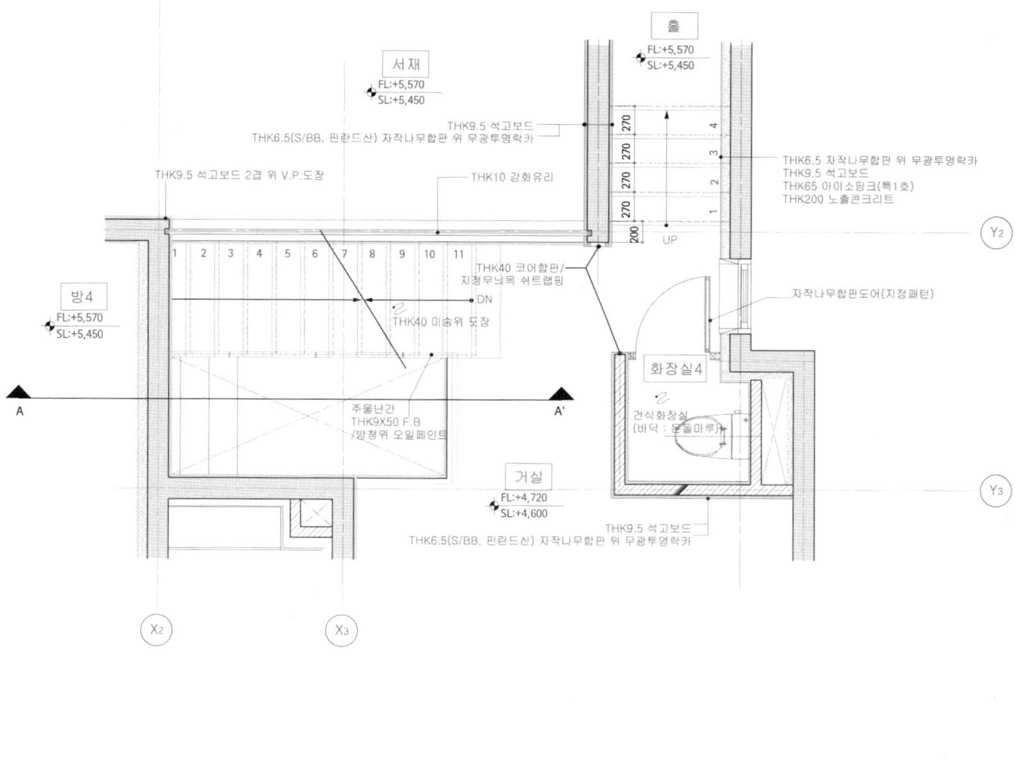
홀
FL:+5,570
SL:+5,450
서재
FL:+5,570
SL:+5,450
THK9.5 석고보드
THK6.5(S/BB, 핀란드산) 자작나무합판 위 무광투명락카
THK9.5 석고보드 2겹 위 V.P.도장
THK10 강화유리
THK6.5 자작나무합판 위 무광투명락카
THK9.5 석고보드
THK65 아이소핑크(특1호)
THK200 노출콘크리트
THK40 코어합판/
지정무늬목 쉬트랩핑
자작나무합판도어(지정패턴)
방4
FL:+5,570
SL:+5,450
DN
UP
THK40 미송위 도장
화장실4
건식화장실
(바닥 : 온돌마루)
주물난간
THK9X50 F.B
/방청위 오일페인트
거실
FL:+4,720
SL:+4,600
THK9.5 석고보드
THK6.5(S/BB, 핀란드산) 자작나무합판 위 무광투명락카

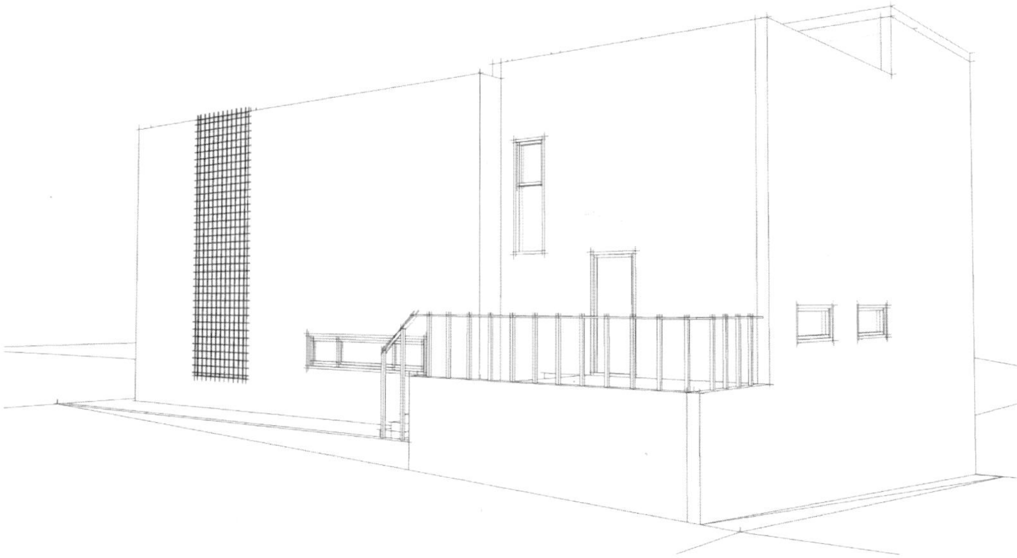

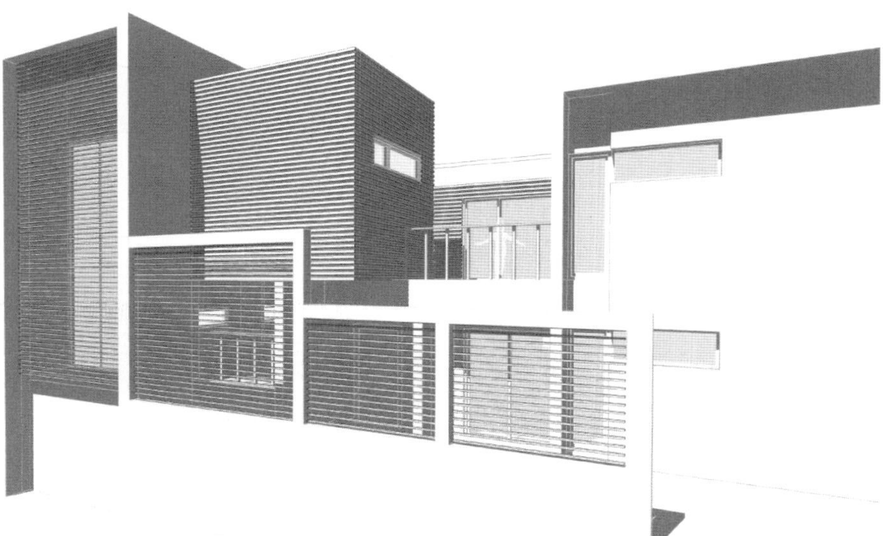

대지의 레벨 차와 건축적 한계 볼륨을 누르고 당기는 과정속에서 구성된 스킵플로어 형식으로 인해 각 층에서 실마다의 레벨이 다르게 된다. 1층에서도 거실과 중정의 높낮이가 다르고, 2층 각 실의 레벨차의 도입은 2세대 주거라고 하는 건축주의 요구조건을 공간구성상에 도입한 것으로 우측 켜에 방을 배치하고 나머지 좌측 켜에는 레벨차를 두어 각 세대가 프라이버시에 방해받음 없이 접근할 수 있는 주방 및 식당의 퍼블릭한 공간으로 구성된다. 외부의 볼륨은 누르고 당기는 과정속에서 자칫 협소해 보일 수 있으나 내부공간은 연속체로서 모든 공간이 이어져 있으므로 개방감과 함께 공간의 깊이감을 느낄 수 있다.

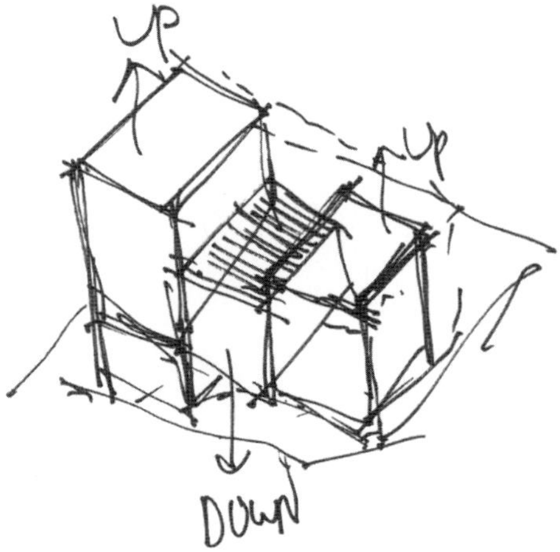

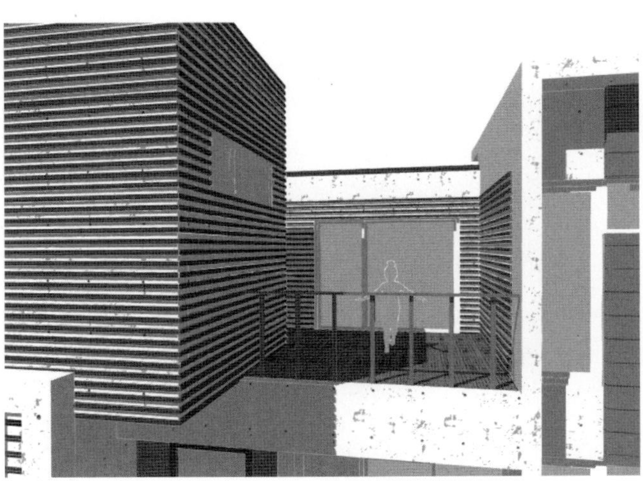

BASIC VOLUME

TRANSFORMATION1
Concept
(SEPARATION & COMBINATION)

TRANSFORMATION2
Inner & Outer Environment

DESIGN
Nature & Daylight

Pushing & Pulling 2 Faces

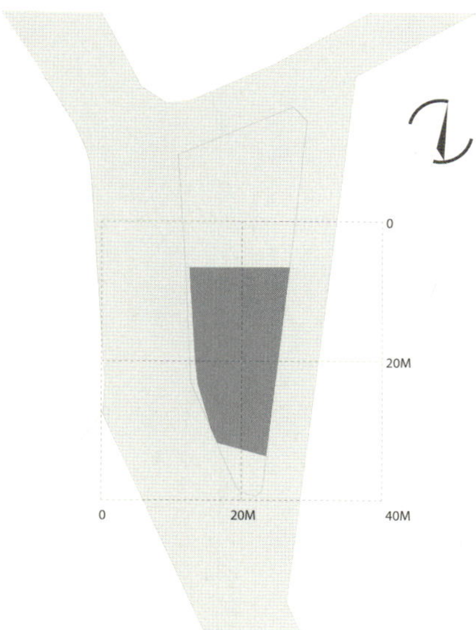

Site : Eonnam-dong Giheung-gu Yongin-si Gyeonggi-do
Use District : 1st Residential District
Lot Area : 243.0㎡
Building Area : 144.84㎡
Gross Floor Area : 316.50㎡
Building-to-land Ratio : 59.60%<60%
Capacity Ratio : 102.45%<120%
Structure : Reinforced Concrete
Materials : Exposed Concrete, NT Panel
Parking : 2

CONTINUUM III

In order to create a terrace space within the requisite space of this compact architectural area each side of the second floor is pushed resulting in protruding spaces which contain the remaining rooms.
The pushed-up volumes created from the demands of internal spaces result in differentiated private spaces.

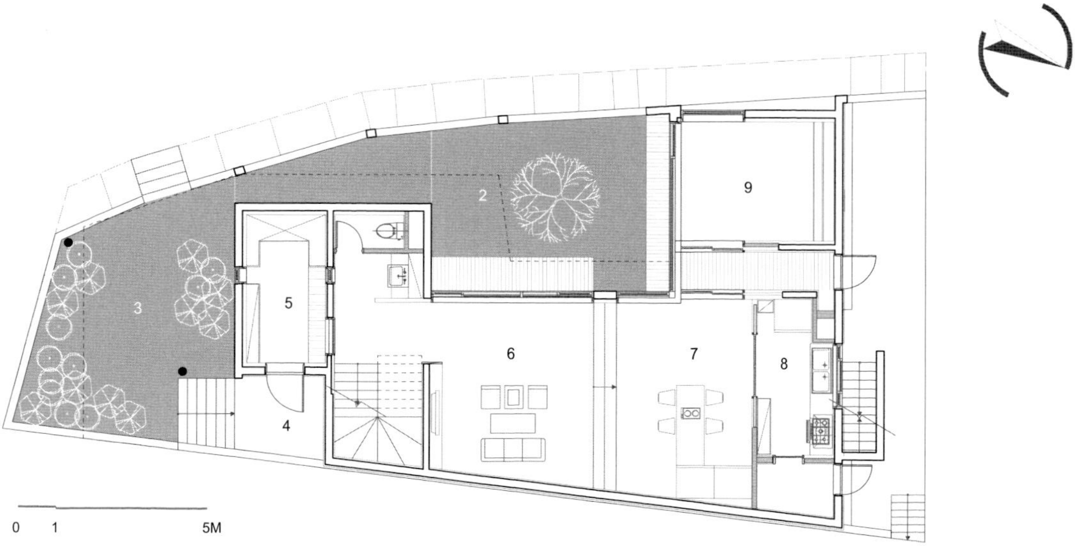

2F

PLAN

1. Parking
2. Court
3. Yard
4. Entrance
5. Hall
6. Living
7. Dinning
8. Kitchen
9. Room
10. Family Room(Library)
11. Dress Room
12. Terrace
13. Void

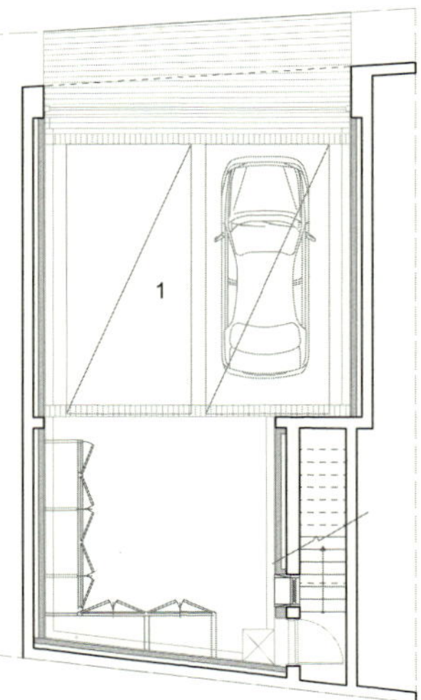

BF

0
3

0
3

ELEVATION

ELEVATION

3
0

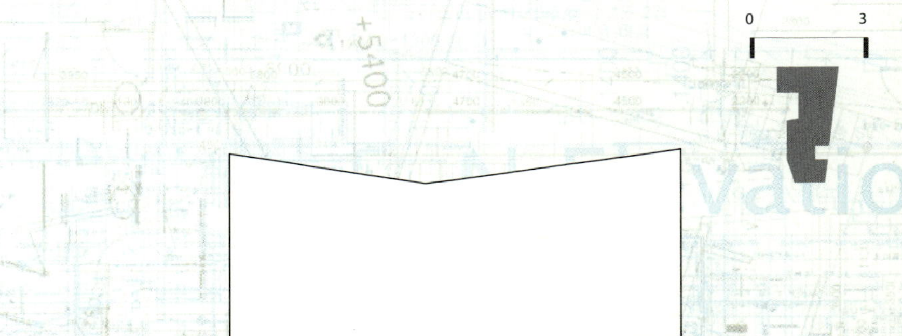
0
3

W–E Elevation

Parking

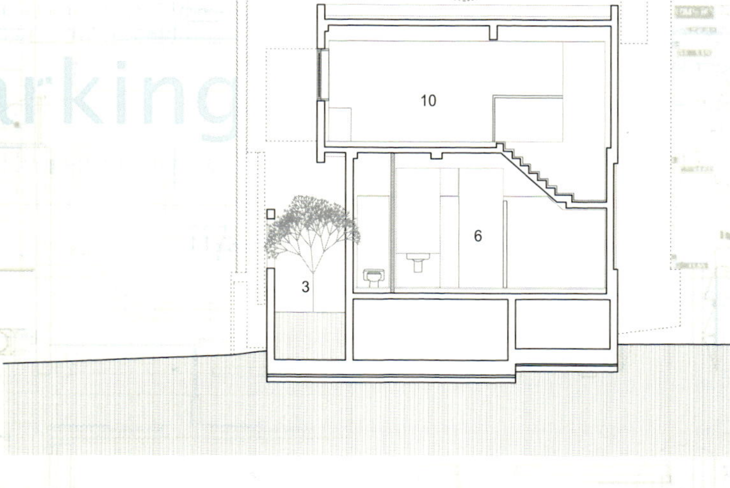

SECTION

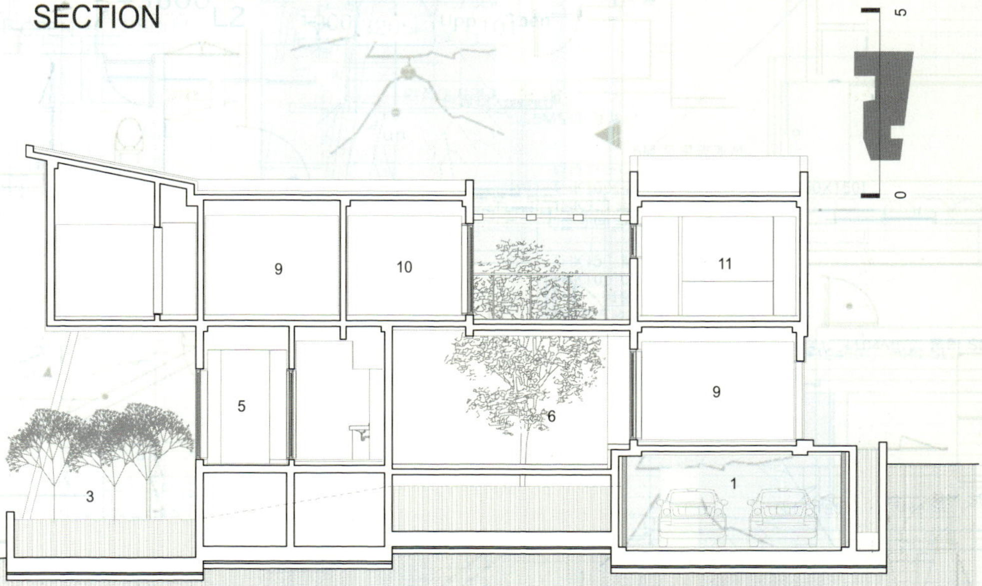

이 주택은 건축법적인 요구와 외부조망, 빛의 도입이라고 하는 건축적 외부요건과 부부 및 자녀들이 각자의 프라이버시를 확보하면서 동시에 서로 모일 수 있게 해 달라는 건축주의 요구사항인 건축적 내부요건을 만족시키기 위해 표면(surface)을 누르고 당김으로서 생성된 여백을 활용한다.

들어간 여백은 프라이비트한 또는 퍼블릭의 테라스로서 작용하며 기능은 외부조망과 함께 자칫 깊어진 공간구성으로 인해 모자랄 수 있는 빛을 적극적으로 도입하는 장치재로서의 공간으로 이용된다. 한편 당겨진 표면의 공간들은 실들로 배치되며 각자 고유의 영역성을 가지게 된다.

결과적으로 모든 공간은 퍼스펙티브가 강조된 공간으로 되어 평면적이 아닌 입체적, 의식적 깊이감을 생성할 수 있게 된다.

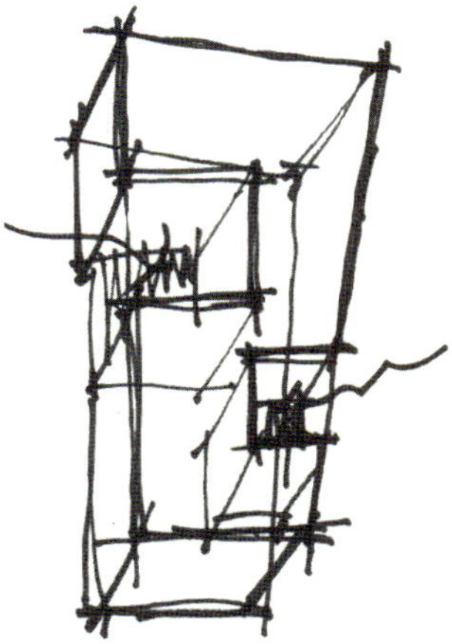

Paju Sannam House

파주산남리 주택

— Lim, Do Kyun + Jo, Jun Ho

경기 파주시 교하 산남리
Sannamri, Gyoha, Paju-si, Gyeonggido, Korea

단독주택, 지하1층/지상2층, 연면적 277.05㎡, 모노쿠쉬 외장
Single House, B1/2F, Gross Floor Area 277.05㎡, Monocouche

A house is somewhere we return to every day from work, school, and other places. Therefore, the context of house construction should be planned by considering, not just the physical environment of the area, but also the living sphere of the residents. Although this house is in a rural residential area near Seoul, in the view of the owner's living sphere, it needs to reflect characteristics of downtown Seoul, the Han River, Jayu-ro, arable lands, and the subtly urbanized Sannamri.

++ 자연을 얻기 위해 멀리 나가다.

두 부부는 서울 한복판으로 출근을 해야 하고 아이들은 치열한 교육경쟁을 치뤄야 할 나이다. 어쩌면 건축주 가족에겐 교통이 편리하고 좋은 학교, 학원이 가까운 곳에 주거가 위치하는 것이 보다 어울린다고 할 수 있다. 그러나 한편으로는 우리의 어릴 때처럼, 산과 하늘이 보이고 각박하지 않은 동네가 있는 곳에서의 삶을 다시 희망하게 된다. 그리고 그 기억들을 자식들에게도 유전시키고 싶은 것이 도시민의 마음일 것이다. 자유로를 따라 일산 신시가지를 지나 조금만 더 나가면, 더 이상 빌딩 숲과 아파트들은 사라지고 넓은 한강변과 높은 하늘, 나지막한 산, 논과 밭이 펼쳐진다. 파주출판단지 쯤 다다르면 경작지 안 쪽에 심학산이 있고, 한강을 멀리 볼 수 있는 남쪽 기슭엔 군데군데 전원 주택 단지가 조성되어 있다. 적당히 도시의 삶과 전원의 삶을 함께 해나갈 수 있는 위치에 대지는 입지하였다.

++ 지평선에 나란히 서다.

대지는 단지 내에서 제일 높은 곳, 제일 가장자리에 있어서, 대지에 올라서면 한강 쪽으로 경작지와 강변도로, 강 너머 산세가 넓은 하늘아래 펼쳐져 있는 광경을 바라볼 수 있다. 이 파노라믹한 풍광을 향유하기 위해 전망이 좋은 남쪽 면을 충분히 길게 하였으며, 좌우와 아래쪽의 난개발된 기존 단지 환경들을 피해 보다 정제된 자연을 얻고자 넓적한 사각의 쉘터(shelter)를 대지 뒤쪽 산쪽으로 바

짝 배치하였다. 접근도로에서 3m 높은 대지에 건물을 후방배치함으로써 생긴 전면의 남향 마당은 내부의 프라이버시를 확보하는 장치이자 자연과 소통하는 매개가 되었다. 집 전체는 단지의 경계 옹벽에 대해 살짝 비틀어 놓아 보다 좋은 전망을 향하도록 하였으며 대문에서 올라오면서 보다 여유로운 마당과 집을 바라볼 수 있도록 하였다.

++ 한강을 따라 놓인 긴 집

자유로 중간 쯤 오다보면 넓은 논 위에 심학산 중턱 전원 마을 최상단의 대지가 시야에 들어오게 된다. 집은 일터에서, 학교에서, 다른 어느 곳에서부터 늘 돌아가는 곳이다. 집은 인근의 물리적 컨텍스트와만 관련되기보다는 거주자가 경험하는 생활 반경 전체의 중심으로 인식되어야 한다.

강변도로를 따라 길게 펼쳐진 한강과 하늘을 거쳐 집으로 돌아오게 되는 이 선형적인 여정은 매일 매일 반복될 것이며 자유로, 한강, 논경지, 심학산에 대한 인상과 아울러 '기다랗고 선명한 나의 집' 에 대한 형상 또한 그들의 기억 속에 자리잡을 것이다. 마당과 직접 연계될 수 있는 1층과 전망대 같은 2층의 두 개의 긴 사각 쉘터는 각각 독립된 형태로 순수하게 보여지도록, 2층 구조체는 4m가 넘는 켄틸레버로 1층 구조체로부터 분리되어 떠 있도록 설계되었으며 건물의 남향 정면을 제외한 나머지 면들은 구조적 순수성이 두드러지도록 모노쿠쉬로 외장되었다.

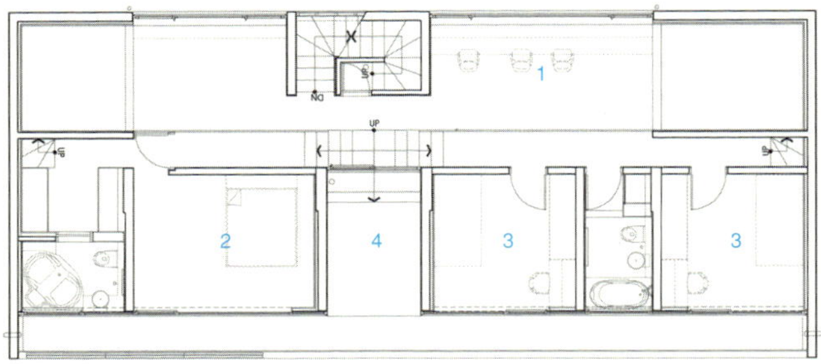

2nd floor plan

front elevation

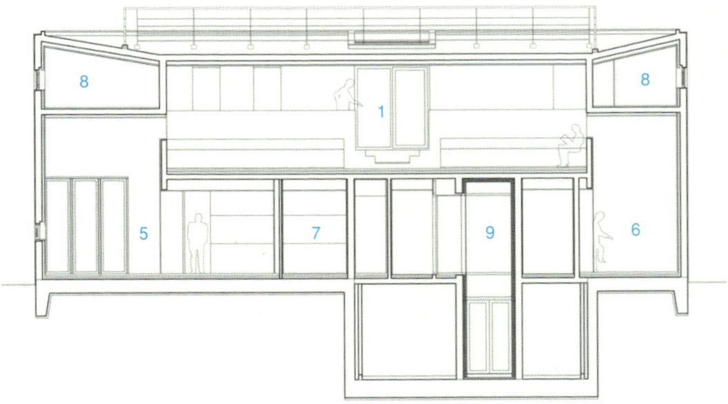

transeverse section

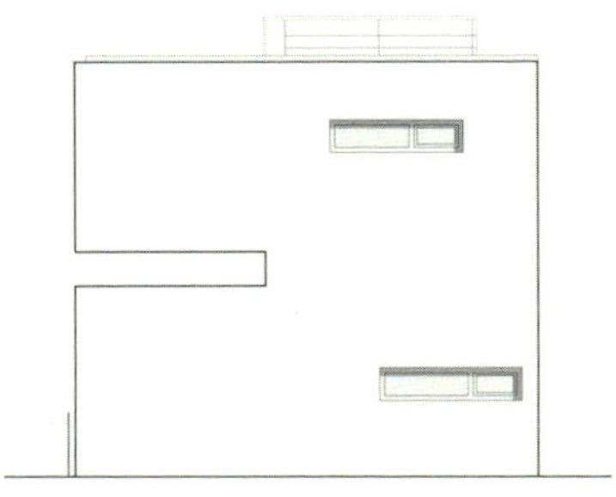

side elevation

1. family room
2. master bedroom
3. bedroom
4. terrace
5. dinning & kitchen
6. parlor
7. utility
8. attic
9. sunken

++ 가족실

부모는 아이들을 돌보고 가르쳐야 하고 아이들 또한 아직은 부모와 함께하기를 좋아하는 연령이다. 퇴근을 해서 일을 하거나, 공부를 하거나 비디오를 보거나 컴퓨터를 사용하거나 이 가족들은 저녁시간을 여전히 함께 지내기를 좋아 했다. 사무실 같기도 하고 교실 같기도 한 이 가족실은 1층과 2층의 중간 쯤에 놓여 거실, 식당, 응접실, 각자의 침실 등 집안 다른 곳에 있는 식구들과 소통이 가능한 장소가 되도록 하였다. 책상 높이 이상의 벽면은 서가와 수납선반으로 둘러싸여 있으며 2층 침실 앞 복도에서 허리 높이 만큼 내려 앉은 공간은 마치 풀장 같은 공간감을 느끼도록 하였다. 중층의 이 가족실을 중심으로 전면 하부에는 거실과 현관, 다목적 침실이, 상부에는 부부침실과 아이들 방, 옥외 테라스가 놓여 있으며 좌우로는 하부에 식당과 응접실, 상부에 다락방이 배치되어 있으며, 뒤 쪽으로는 긴 수평창을 통해 배후의 숲을 바라볼 수 있도록 하였다.

++ 외부 자연과의 관계를 직접 연출한다.

이 주택은 크게 3개의 바닥 판들로 구성되어 있다. 접근도로 위로 마당과 이에 연속된 거실, 옥외식당, 현관 바닥 판이 형성되어 있으며, 2층 발코니를 따라 전면 창을 갖은 침실들이 병렬되어 있는 바닥 판이 공중에 떠 있으며, 그 두 판 중간에 긴 직사각형의 가족실 바닥판이 마련되어 있다. 이 판들은 한강으로부터 심학산 정상 능선까지 펼쳐져 있는, 마치 카페트 같은, 자연의 경사면에 레벨을 달리하는 바닥을 설정하여 외부 자연과 다양한 방식으로 관계 맺고자 하는 의도에서 비롯되었다. 이러한 외부 공간과의 관계는 사용자가 계절의 변화, 내부 공간의 분위기, 이벤트에 따라 직접 연출할 수 있도록, 내외부 간의 경계를 폴딩도어, 포켓야드, 슬라이딩 목재 루버, 전면 발코니창, 하늘로 열린 옥외 테라스 등등으로 구성하였다.

A house is somewhere we return to every day from work, school, and other places. Therefore, the context of house construction should be planned by considering, not just the physical environment of the area, but also the living sphere of the residents. Although this house is in a rural residential area near Seoul, in the view of the owner's living sphere, it needs to reflect characteristics of downtown Seoul, the Han River, Jayu-ro, arable lands, and the subtly urbanized Sannamri.

STRUCTURAL FORM

Sannamri is located in the rural housing complex that was developed on the lower edges of Simhak Mountain near the Paju publication complex. This area has a high altitude, so it can be viewed from Jayu-ro, which is far from the area. Also, due to its location within the complex, its inclination, and its characteristics, it has a spacious view of the Han river with a forest to the rear. Considering the living scope of the owners and the characteristics of the ground, it is not hard to understand that the new environmentalvalue of this area is, unlike downtown apartments, a distant view and a spacious yard. Rather than the context of nearby rural houses and the street network within the complex, the panoramic Han River and Jayu-ro, which can be seen on the way to and from work, in addition to the mountainside location surrounded by the sky and forest, led to an idea to create a long yard on the first floor and two box-shaped shelters to be placed together vertically on the second floor, with its impressive panoramic view. The mass on the second floor has a cantilever in the rear, and no structural materials are used for the first floor mass to enable the box-shaped shelters to appear as intended. To help this structural form look more genuine, monocouche was used as a final exterior material.

Paju Sannam House

The family room is placed vertically in the middle floor, connecting the living room, the dining room, and the drawing room on the first floor with rooms on the second floorto make it possible for family members to have open communication with each other all throughout the house.

FAMILY PLAY POOL

An outstanding characteristic of the inner space starts from the family room on the second floor. The special living area that was demanded from the beginning of the design was for an office or classroom-like family room where parents and children would be able to work, study, read books, watch videos, or use the computer together. This was to be a central room in which all family members wanted to spend most their time. The family room is placed vertically in the middle floor, connecting the living room, the dining room, and the drawing room on the first floor with rooms on the second floorto make it possible for family members to have open communication with each other all throughout the house. This family room is sunken waist deep from the level of the outdoor terraces of rooms on the second floor. For this reason, when we look at the whole space of the second floor from the height of the windows, rails, or bookshelf, the feeling of a pool is conveyed.

OPENING SOLUTION & POCKET YARD

The box-shaped shelter on the first floor is curved 180 degrees to be connected with the box-shaped shelter on the second floor, with the family room as an intermediation. In short, the distant view and the southern section facing theyard were made to form an opening with sides, and the rear parts were made to have an opening that is punched to the wall. Windows and doors of the first floor facing the yard that are three meters higher than the road to secure the privacy of the residents are of a folding-door style, allowing the whole space to be connected with the yard, while on the second floor are sliding wood louvers with a nice view, balcony layers and floor-touching balcony windows to control openness for each room. The living room and the long horizontal window toward the northern forest on the first floor help give the middle floor family room a feeling of floating in the middle level. Also, the outdoor dining room interpenetrated by the yard on the first floor, the outdoor terrace on the second floor facing the sky, and the sunken area that fronts the underground workroom were built to raise the level of intimacy between the outside and the inside of the house.

Seoul Eco Deck

서울의 마당 (서울시장공관)

— Im, Sung Pil

서울시 용산구 한남동
Hannam-dong,Yongsan-gu, Seoul, Korea

단독주택, 지하2층/지상3층, 연면적 2,500.00㎡, 철근콘크리트조
Single House, B2/3F, Gross Floor Area 2,500.00㎡, R/C

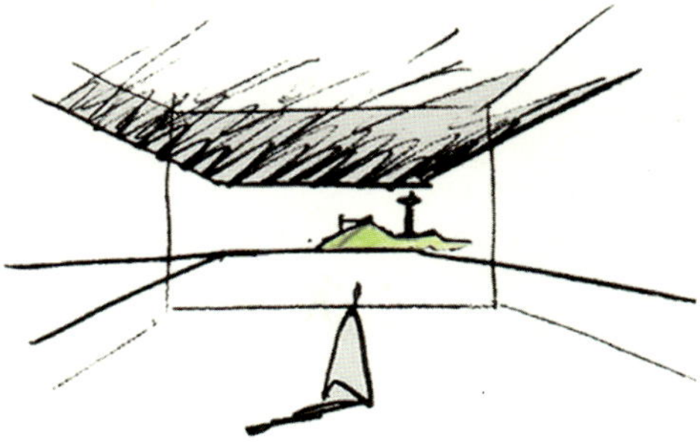

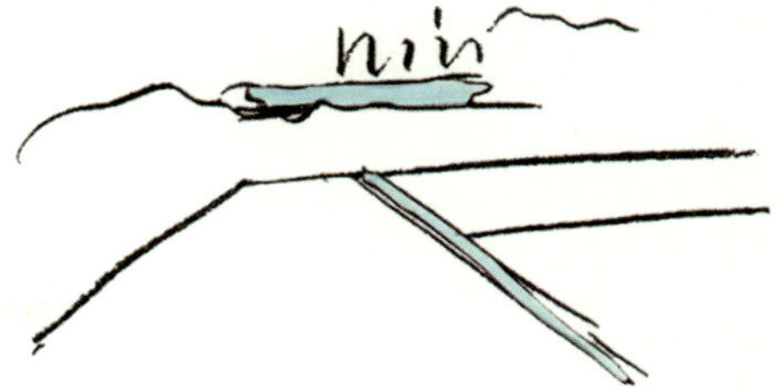

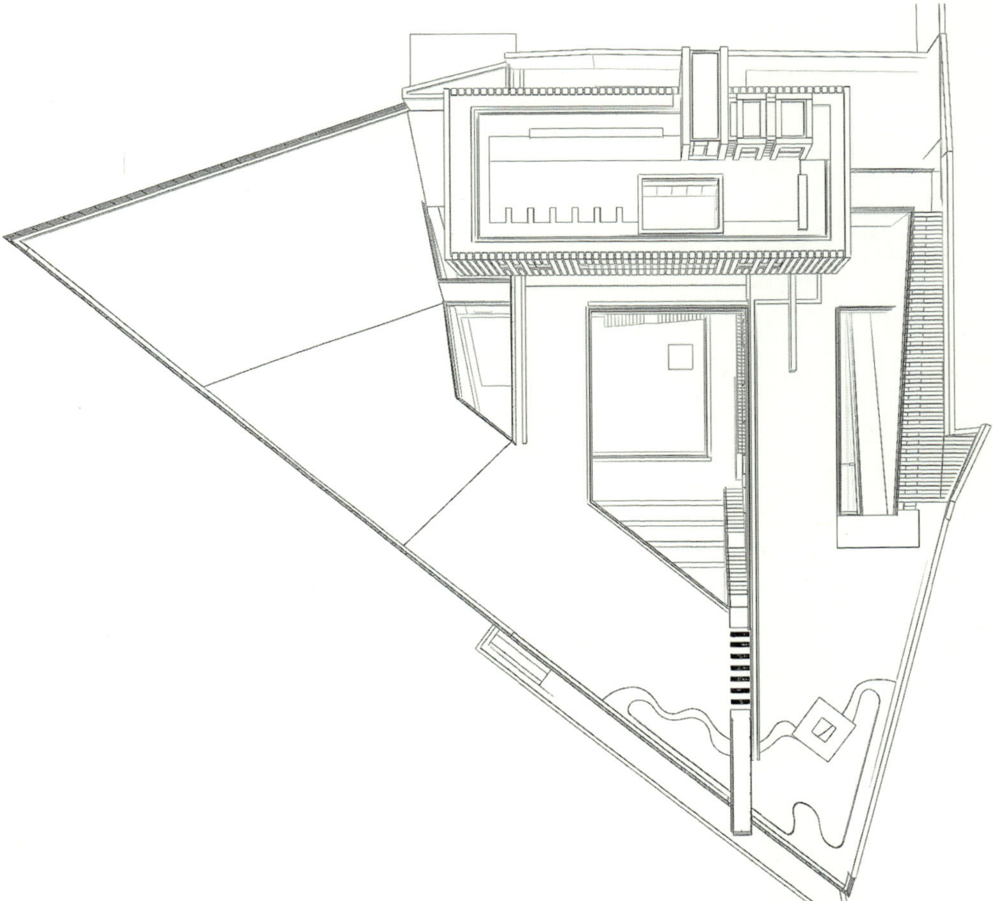

NATURE_도심재창조의 자연마당,

TRADITION_서울 도심부활의 역사마당,

CULTURE_서울의 문화마당을 주제로 하여 풍경속의 건축과 비움을 통한 여백의 미를 담아내고 있다.

대지의 판은 진입부로부터 시작하여 중정(지하1층), 공공마당(1층)-사적인마당(2층)-후정(3층)을 거쳐 연속적인 동선과 흐름을 갖게되며, 비워진 마당들은 조경 및 휴게공간인 동시에 다양한 문화와 행위를 담는 다목적 공간으로 회의, 가든파티,문화공연이 가능하며 이것은 시민과 타자에게 유동적이며 연속적인 행위를 제공한다. 외부공간과 내부공간의 구성은 상호관입으로 인한 자연과 사람의 상호작용을 통해 흐르는 공간 살아 숨쉬는 장소로 거듭나며 영역의 경계를 허물어 공간이 무한이 확장되고 있다.

입면의 요소는 전통처마의 수직성과 간결함을 모티브로 하여 단아한 이미지를 만들어 낸다.

재료는 타공동판으로 마감하여 세월의 흔적과 내부실에서의 빛을 전통 창호지 느낌처럼 은은하게 조절할 수 있게 하였다.

공간의 단면구성은 빛과 자연채광 조망등을 고려하여 상부는 주택으로, 중정을 중심으로한 지하공간은 대, 소회의실, 주차장으로 계획되었다.

외부공간LANDSCAPE

조경과 건축은 풍경으로 하나되는 대지속의 건축이 되며, 밖으로는 남산으로부터 흘러내려온 후면산의 흐름을 적극적으로 대지내부로 끌어들이고 있으며 전면으로 보이는 한강은 배산임수의 명당임을 말하고 있다. 경관에 대한 조망은 안에서의 밖을 향한 절제된 조망과 극적인 시퀀스를 이루며, 밖에서는 푸르른 잔디마당과 주택의 매스만 건축적 요소로 남는다.

綠 - 환경적인 접근으로 외부공간 옥상정원의 녹화

水 - 청계천 및 한강을 잇는 상징화된 수공간

庭 - 지형의 고저차를 이용해 전통적인 전정 중정 후정공간과 화계의 설치

墻 - 공관의 성격을 감안하여 전통적인 담장을 재해석해 영역구분 및 주변과의 조화

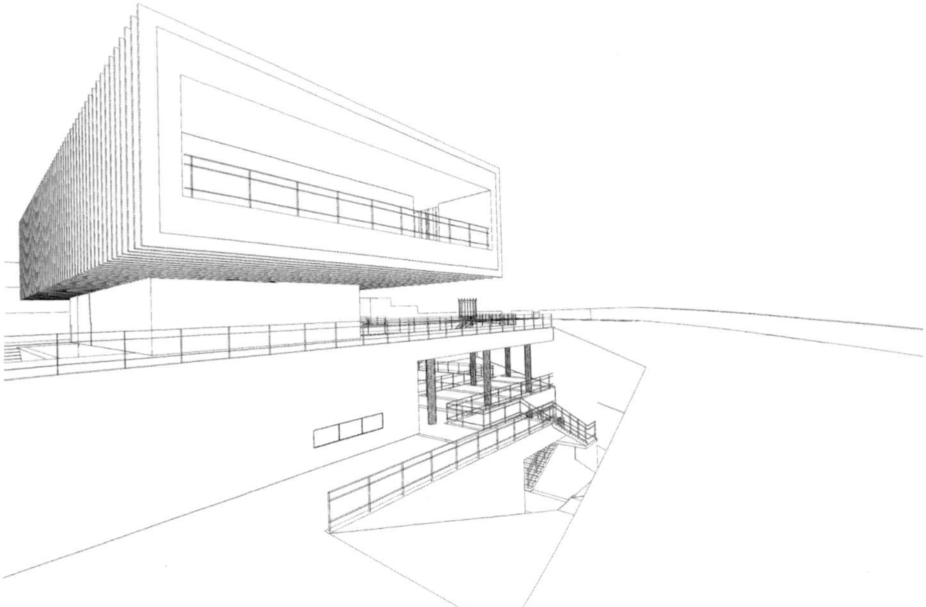

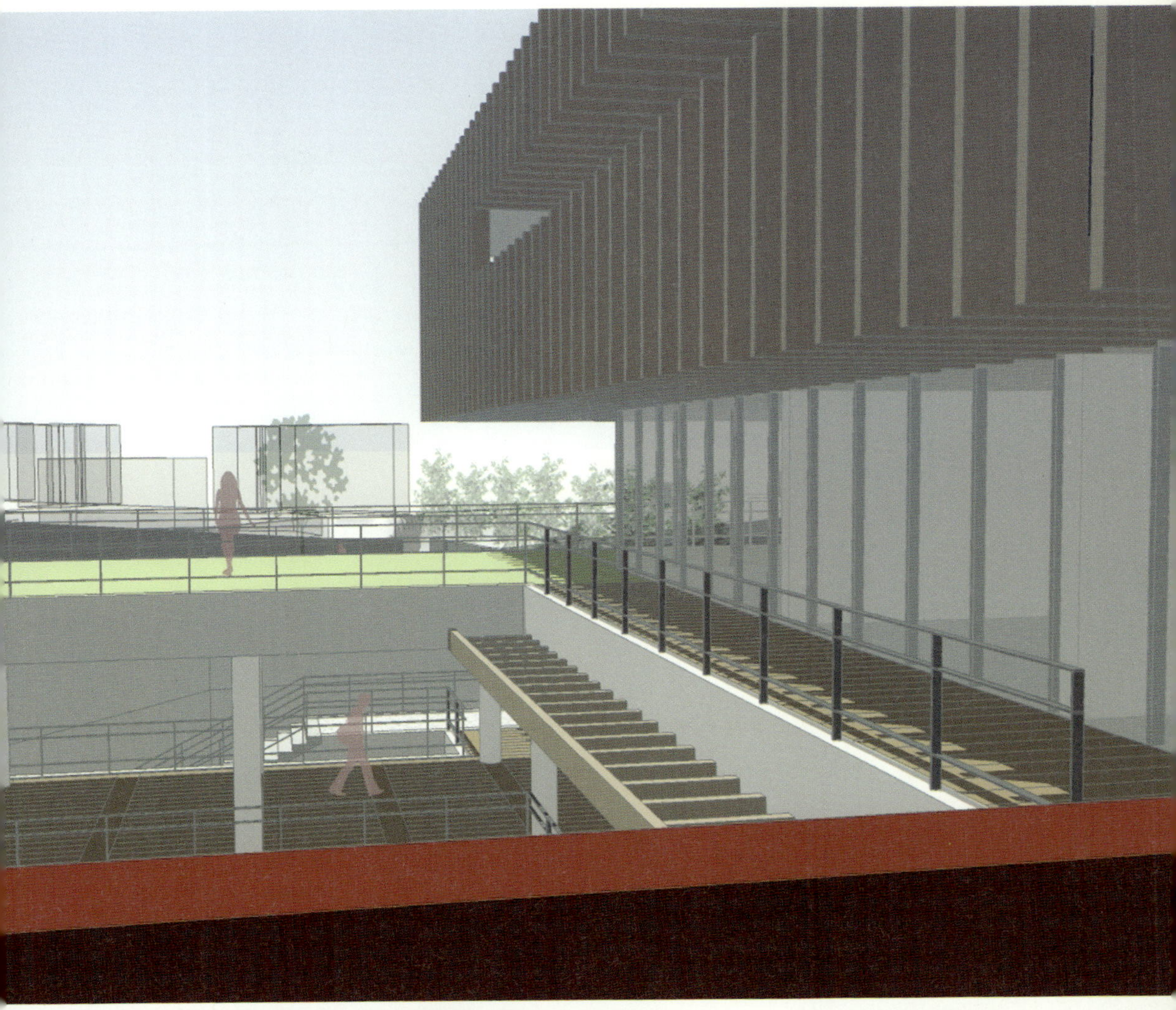

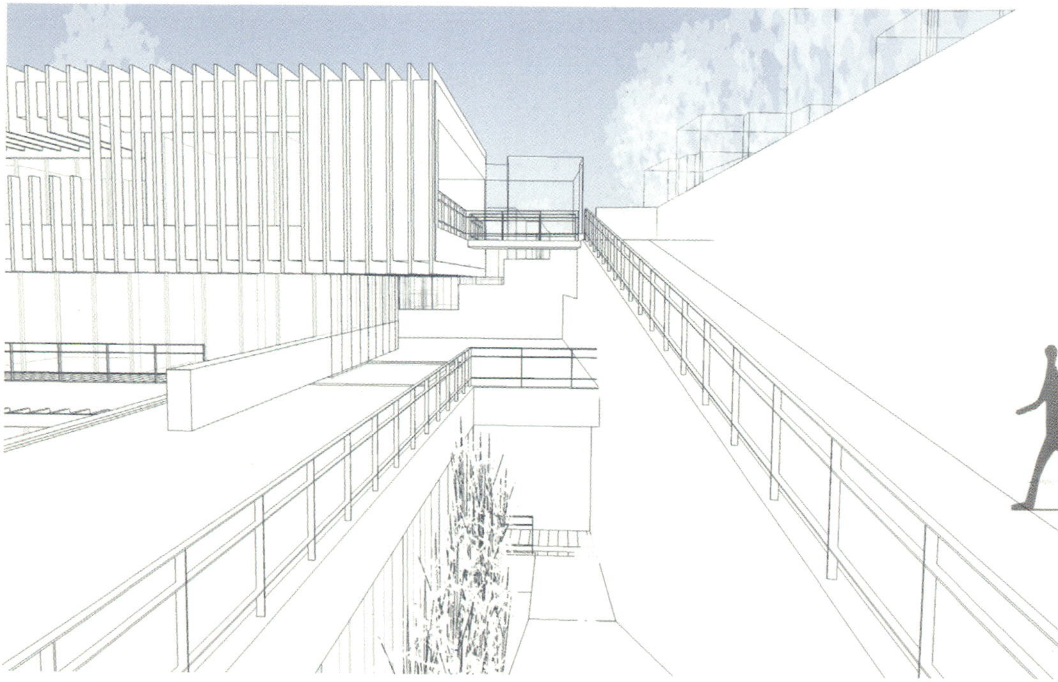

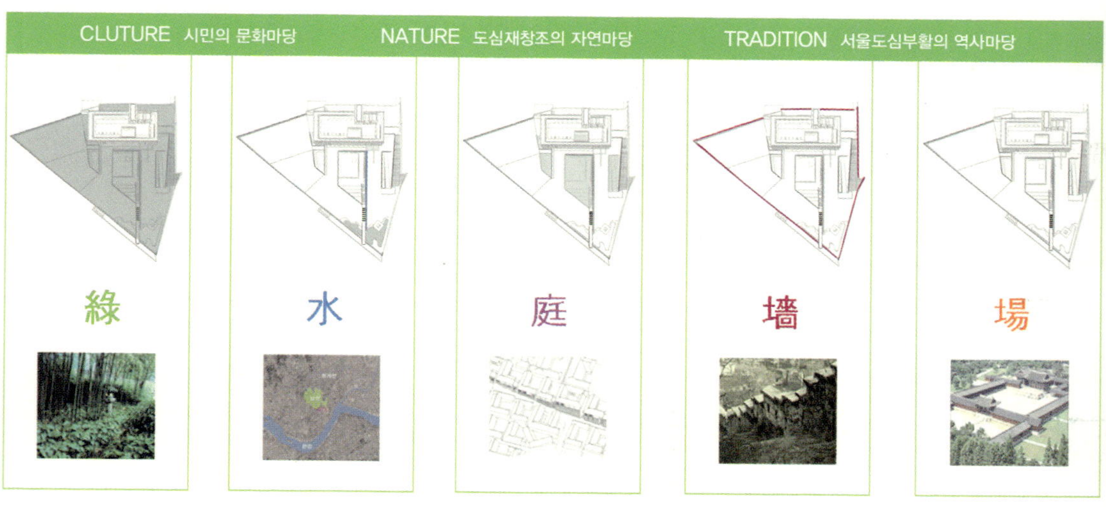
CLUTURE 시민의 문화마당
NATURE 도심재창조의 자연마당
TRADITION 서울도심부활의 역사마당
綠
水
庭
墻
場

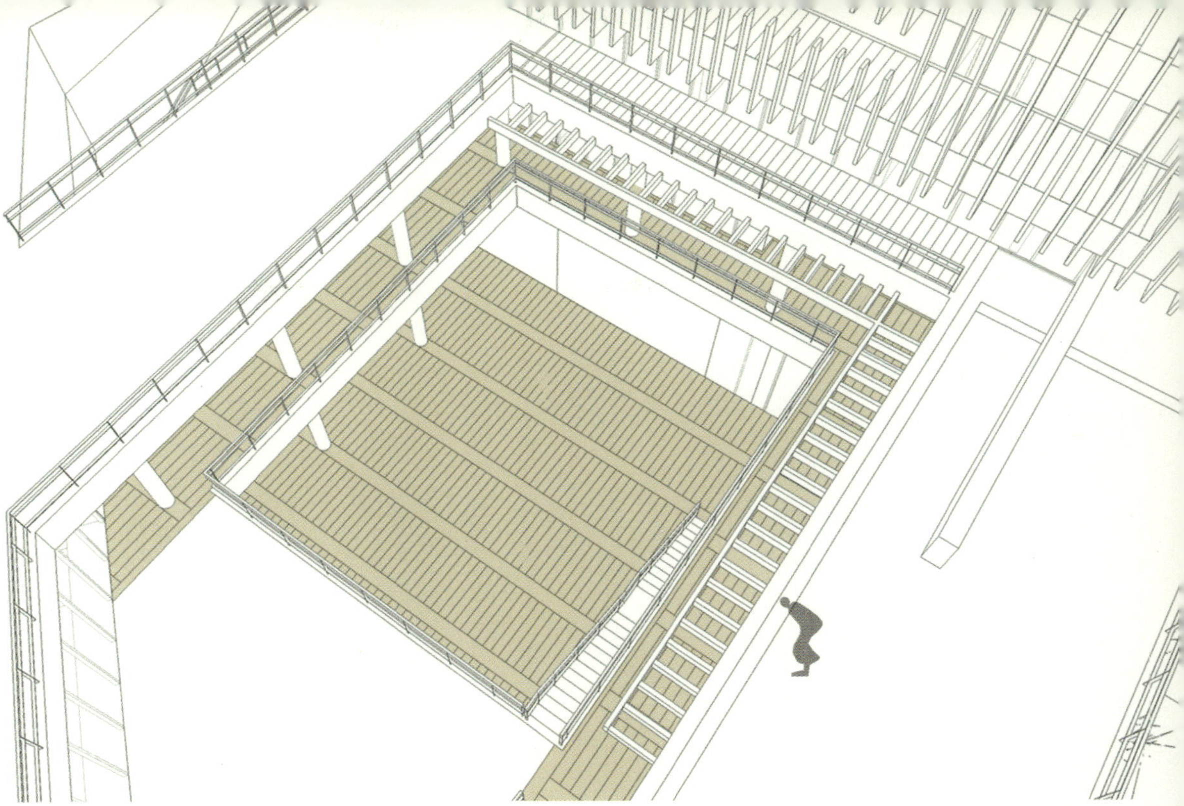

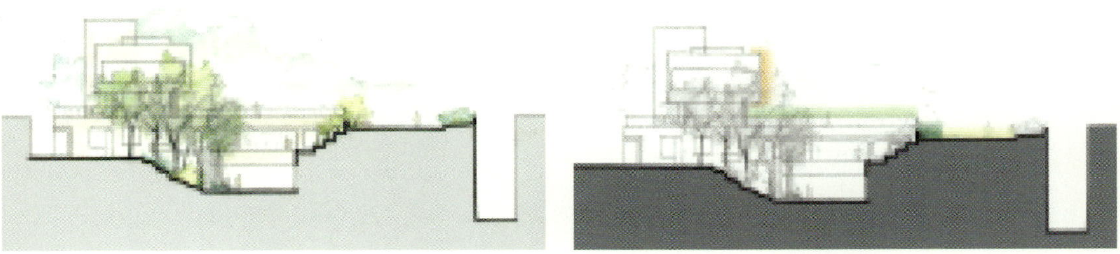

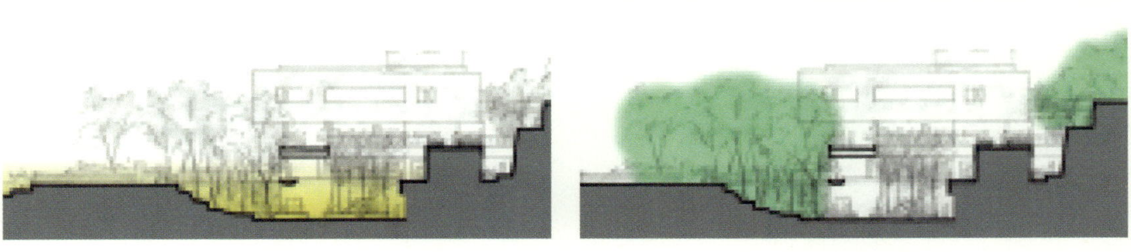

PRIVATE
SEMI PUBLIC/PRIVATE
PUBLIC
PROGRAM
DIVISION
by using LEVEL
SUFFICIENCY
by using a GARDEN
CONNECTION
by using CIRCULATION

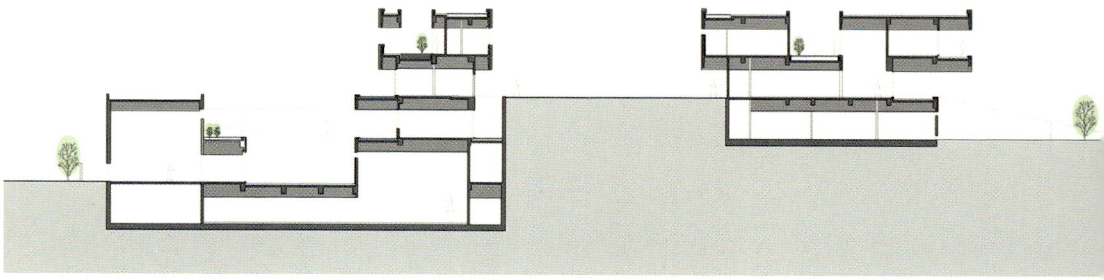

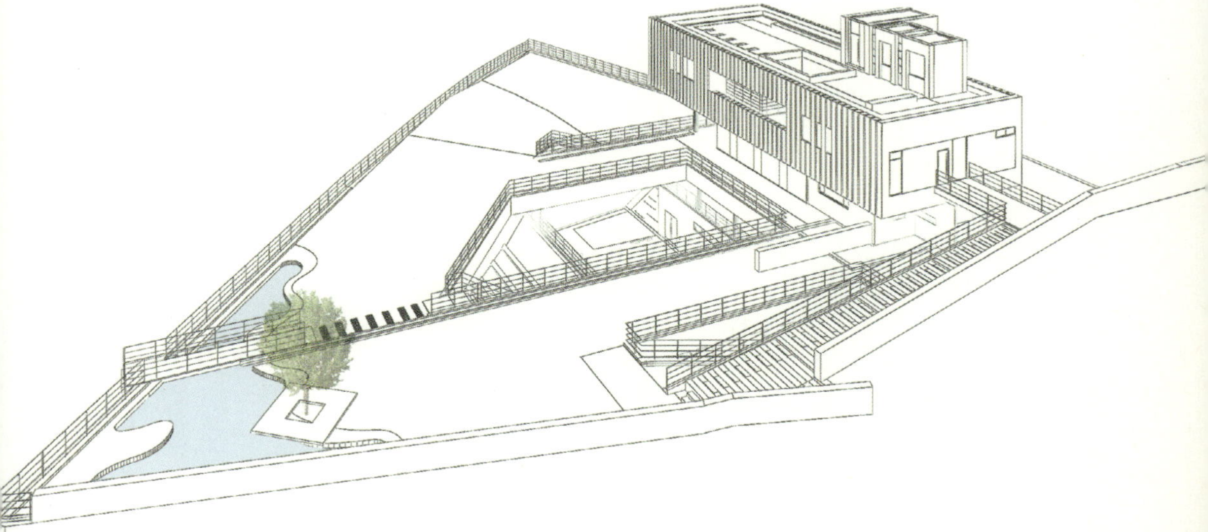

내부공간INTERIOR

한국의 미를 주제로 하여 9개의 침실은 한국적이면서 다양한 이야기를 담는다.

1층의 침실은 조선시대 양반집을 재현하여 전통온돌을 통한 좌식생활, 다과문화 등을 체험하는 게스트하우스가 되며, 3층의 2개침실은 왕과 왕비의 방을 모티브로 하여 왕의 침실은 단아하면서 은은한 화려함을 왕비의 방은 여성스러우면서 화려한 느낌을, 3층 우측 2개의 침실은 조선시대 성리학의 느낌이 베어나는 담백하고 자연스러운 공간으로, 2층 좌측의 마주보는 방은 세자와 세자빈의 공간 컨셉으로 세자빈의 방은 다복과 다산을 상징하면서 로맨틱한 분위기로, 세자의 방은 단아한 멋이 풍기는 기하학적 공간으로, 우측의 마지막 방은 기복과 생명성을 상징하는 조각을 모티브로 정감어린 한국의 느낌을 가질수 있게 하였다.

지하 대소회의실은 시의 다양한 행사, 연주회, 연설회 등 다양한 목적에 대비하여 단정하면서도 소박한 이미지와 가변적 공간 활용에 역점을 두고 있다.

이러한 공간들을 통해 한국 문화체험과 한국의 아름다움을 느끼는 장소로 거듭나길 기대한다.

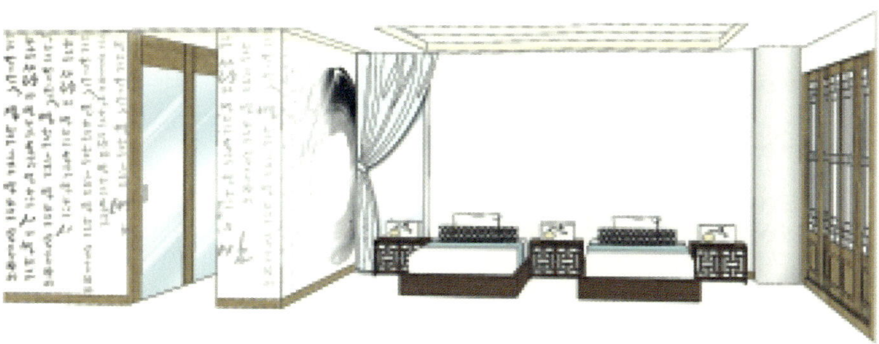

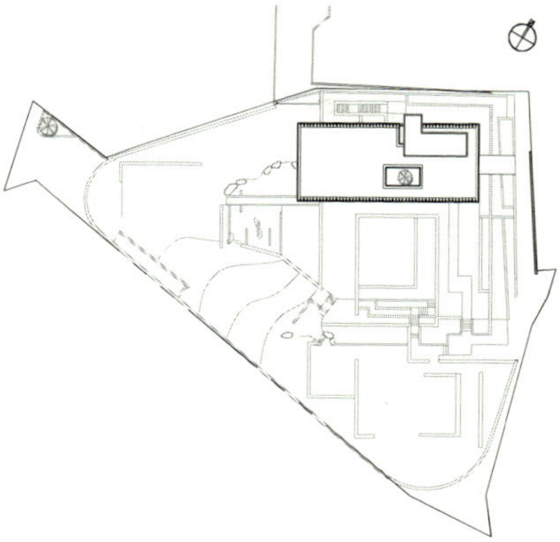
site plan

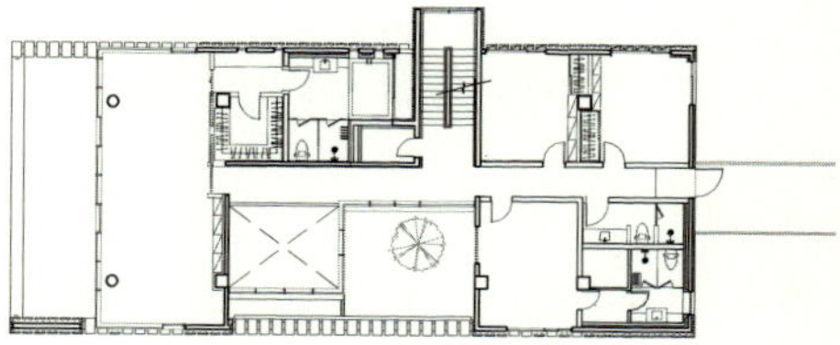
3 floor plan

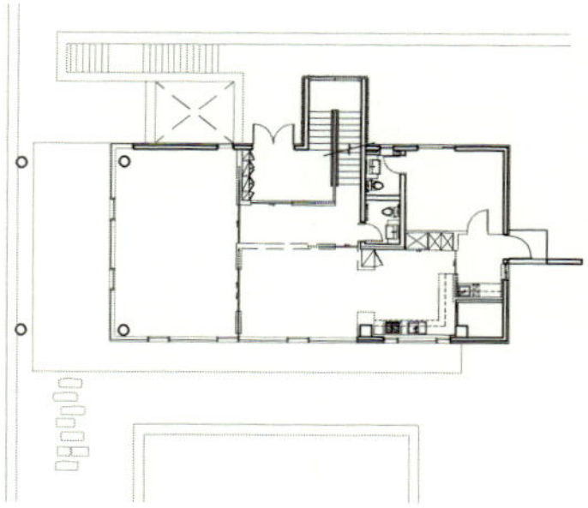
2 floor plan

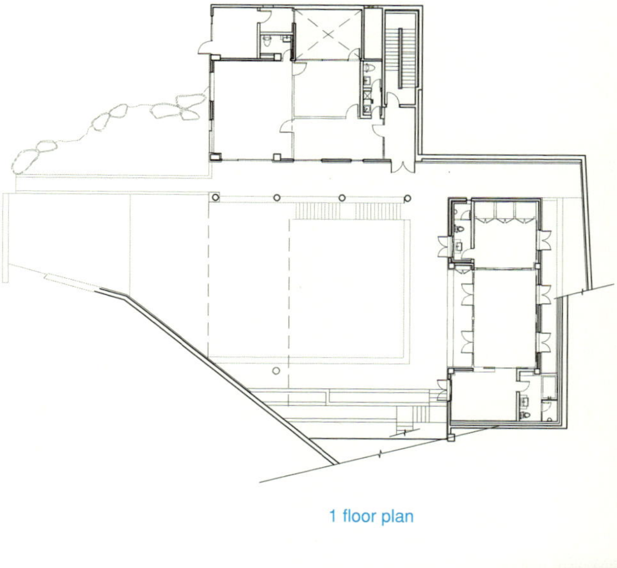
1 floor plan

Nature: Natural deck for re-creation of Seoul city **Tradition:** Historical deck for revitalization of Seoul's tradition **Culture:** Cultural deck in Seoul These themes generate architecture within landscape and achieve spatial beauty in emptiness.

| Floor plate begins from inner garden (below-grade) and continues through public deck (1st floor) - private deck (2nd floor) - back yard (3rd floor), providing continuous circulation and flow. Vacant decks act as landscape and recreational space, and also hold various cultural character and activities. These multi-purpose spaces allow for meetings, garden parties art performances and offer citizens with flexible and constant activities. Composition of exterior space and interior space generates interaction between nature and people, characterizing the space with energy and life. Linear simplicity of Korea's traditional roof is emphasized in elevation, which gives simplicity to the building as a whole.

LANDSCAPE

Landscape and architecture in harmony create a scenery of architecture that dwells in the midst of vast land.

Green-Environmental approach results in green space on exterior roof garden.

Water-Connection of Chung-Gae-Chun and Han river characterizes the space as the symbolc representation of water.

Garden-Difference in site elevation is used to create traditional front yard, inner yard, back yard and develop planting strategies.

Traditional Wall -Spatial character is considered to re-interpret traditional garden wall, creating zone-divisions and achieving harmony with surrounding environments.

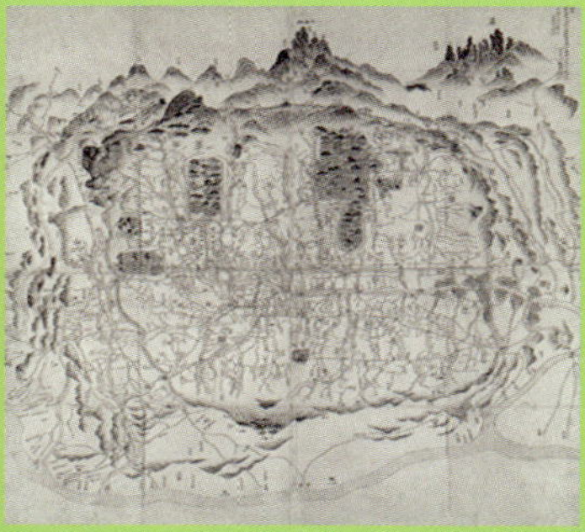

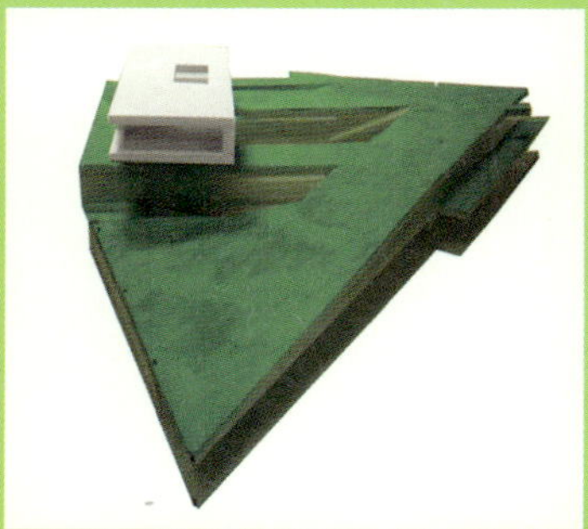

INTERIOR

Driven by traditional Korean aesthetics, the nine bedrooms Korea's unique character and tales.

Bedroom on ground floor re-creates houses of traditional upper-class family. This guest house provides the experience of traditional stone heating, sit-down activities and dessert culture. Two bedrooms on third floor are inspired by traditional rooms of Royal family. The king's bedroom expresses both simplicity and subtle beauty, and the queen's bedroom expresses feminine aesthetics. Two bedrooms on the right side of third floor expresses philosophy of Cho-Sun era within subtle and natural space. Two bedrooms on the left side of second floor face each other, which are inspired by rooms of crown prince and his wife. The crown-prince's bedroom dwells within geometric space that has

simple aesthetics, and his wife's bedroom symbolizes abundant blessing and birth in romantic atmosphere. The last room on the right side is motivated by a sculpture that symbolizes blessing and life, and it delivers unique Korean impression and feeling of attachment. it is anticipated that these spaces will allow visitors to experience Korean culture and feel its traditional beauty.

DYAD HOUSE

안양 디아드 하우스

— **Lim, Yuk Ju**

경기도 안양시 안양동
Anyang-dong, Anyang-si, Gyeonggido, Korea

단독주택, 지하1층/지상2층, 연면적 265.45㎡, 철근콘크리트조
Single House, B1/2F, Gross Floor Area 265.45㎡, R/C

DYAD

빛과 그림자, 여자 남자, 낮과 밤, 여기서 말하는 디아드는 숫자 2이다. 사람과 건물, 어른과 아이, 이런 개념에서 출발한 건물이다.

2가 어떠한 공간을 분리해 나가는 것처럼 보이지만 여기서는 근본을 기억하고 서로 결합해 원래의 통일된 상태로 돌아가려고 서로 끌어당기는 것이 디아드dyad이다.

대지가 건축주의 요구와는 사뭇 달랐다. 70여 평도 안 되는 곳에 큰 마당, 연못, 정원, 이런 외부 공간에 신경을 쓰고 있었다. 그래서 반대의 개념을 가지고 출발하기 시작했다.

작은 대지를 더 작게 두 개의 대지로 만들어 하나의 대지를 맹지로 보고 매스를 놓아두고 두 대지를 연결하는 곳에 deck 를 두고 두 개의 주택을 브릿지로 연결하였다.

전면도로에서 쪼갠 대지는 거실과 공용공간을 두고 최소한의 개구부를 도로편에 두고 다른 대지로 향한 곳으로 큰 개구부를 만들어 그곳을 가족간의 외부공간으로 만들었다.

deck에서는 영화감상을 할수 있도록 두 공간을 연결한 브릿지에 노출의 벽을 세워서 스크린의 역할을 할수 있도록 유도했다. 조명과 함께 있는 스피커를 통해 소리마당을 만들고 거실의 매스를 안쪽으로 기울여 빛의 흐름에 방해하지 않으면서 2층에서의 조각 같은 지붕을 감상할수 있도록 했다. deck가 디지털적인 요소가 있는 반면 또다른 정원은 흙과 함께할 수 있는 아날로그적인 공간를 배려하여 서로 다른

SECOM

취향을 고려하였다

DYAD HOUSE는 두 개로 나뉜 대지에서 출발했듯이 입면에서도 두 개의 매스와 다른 자재를 사용하여 변화를 꾀하고 들어오고 싶은 가족만의 아뜨리에을 만들어 보았다.

전면에 사용한 5개의 흑연징크는 5명의 가족이 각자 가질수 있는 얼굴이기도 하면서 행복한 가족이 깨지지 않고 유지할 수 있도록 펜타드Pentad의 의미를 부여하고자 하였다. 노출이 갖는 다소 무거운 듯한 느낌을 면의 분할을 통해 친근감 있게 하였다

내부 마감도 노출과 나무, 철과 나무 등으로 외부와 마찰되지 않게 연속적으로 유지하고, 시간대별 평면을 구성하여 시간이 갖는 느낌대로 자재를 조금씩 변경하여 각 실들의 변화를 주었다.

처음 시작할 때 보다 자재의 값이나 모든 것들이 경제적으로 어려움에 겪게 하였다.

디자인할 때는 욕심이 크지만 그 욕심을 버리는 것 또한 디자이너의 배려라 생각하여 내부공간은 최소한의 마감을 했다.

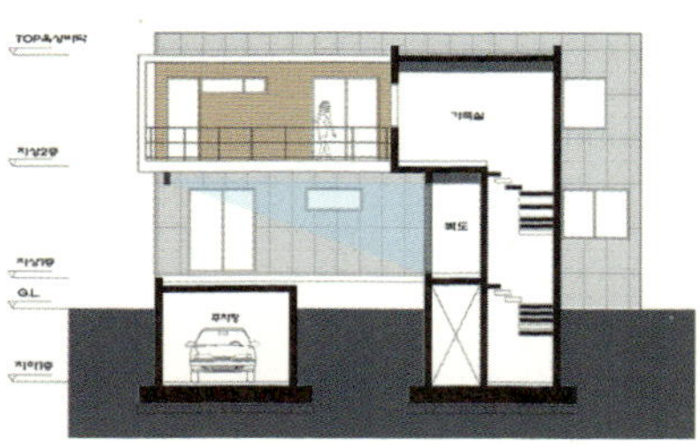

SECTION_A

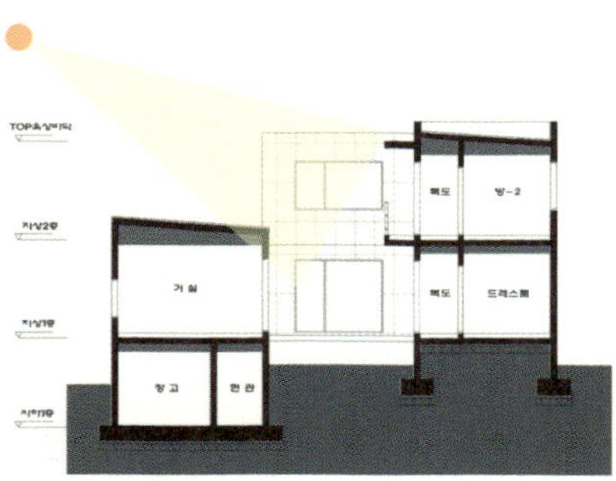

SECTION_B

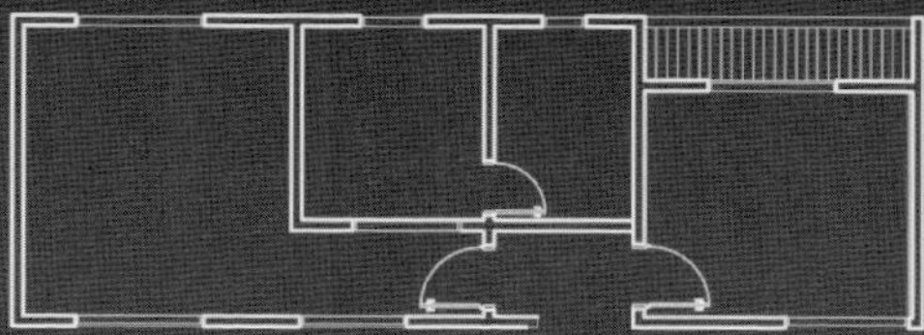

at 6 a.m. o'clock planning STEP 1.

이른새벽 움직임의 공간

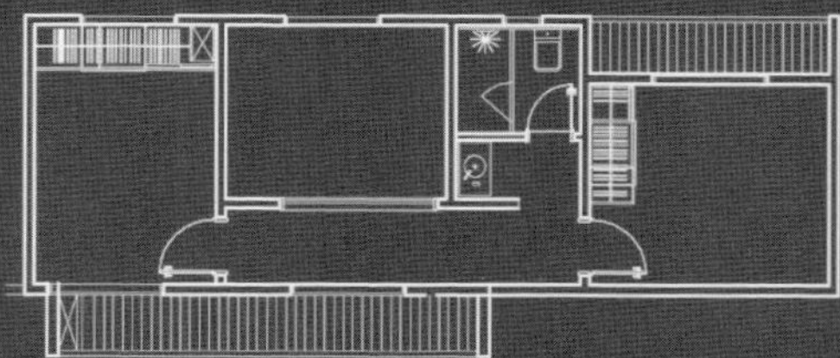

at 8 a.m. o'clock planning STEP 2.

자녀들의 움직임의 공간

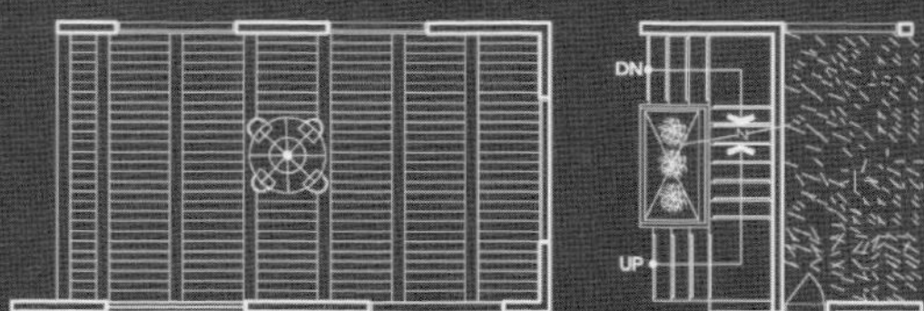

at 10 a.m.–5 p.m o'clock planning STEP 3.

여유의 공간

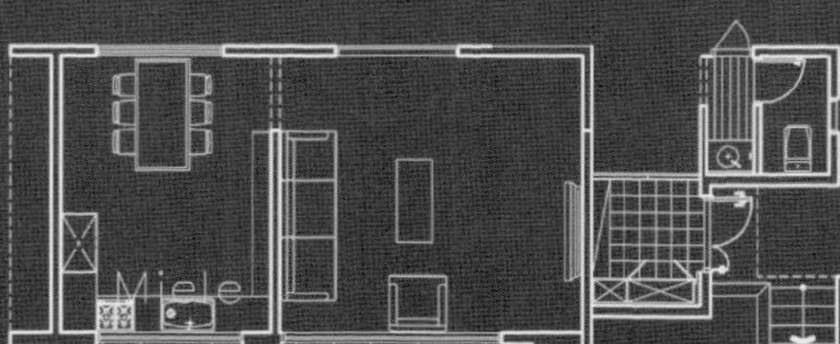

9 p.m o'clock planning STEP 4.

가족 전체의 공간

11 p.m o'clock planning STEP 5.

또 한세대의 공간

1 Entry
2 Living
3 Kichen, Dining
4 M,Bedroom
5 Dressroom
6 Bathroom
7 Bedroom
8 Deck
9 Garden

1st floor plan

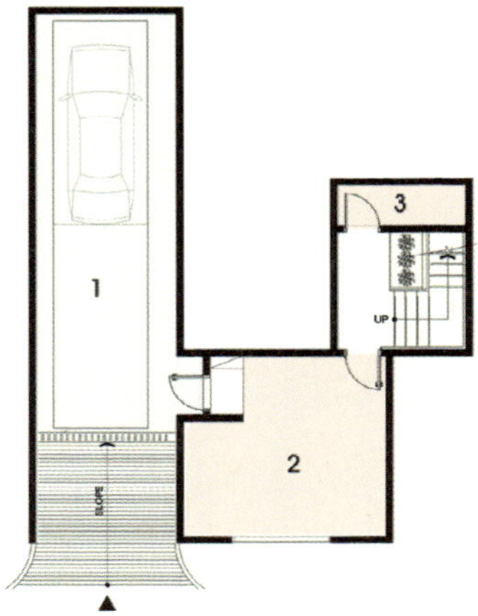

1 Parkingarea
2 Multpurposeroom
3 Boilerroom

B1 floor plan

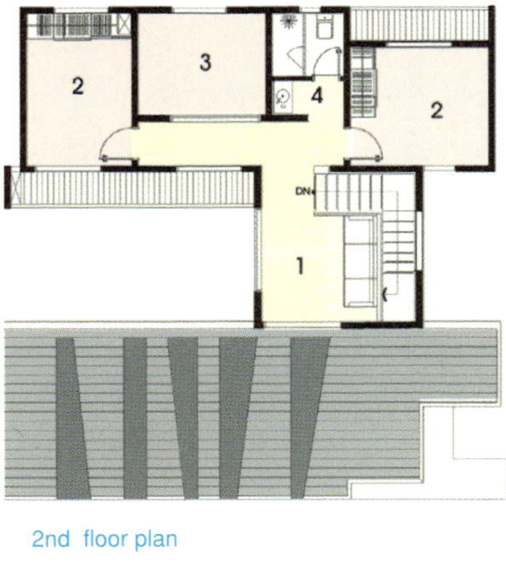

1 Familyroom
2 Bedroom
3 Studyroom
4 Bathroom

2nd floor plan

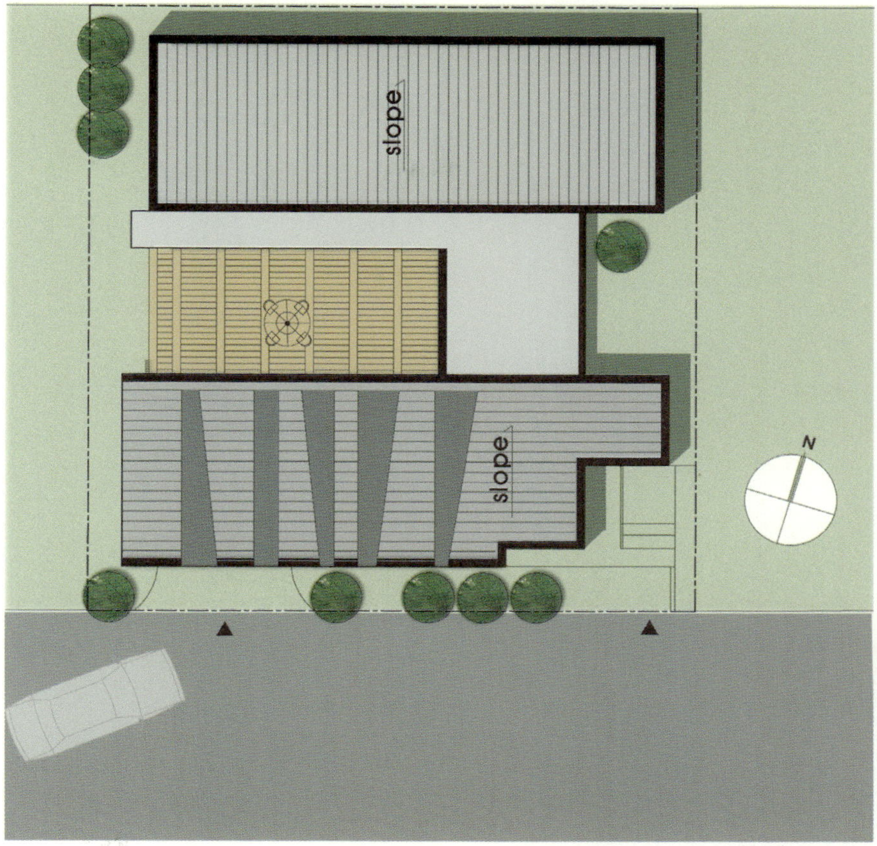

site plan

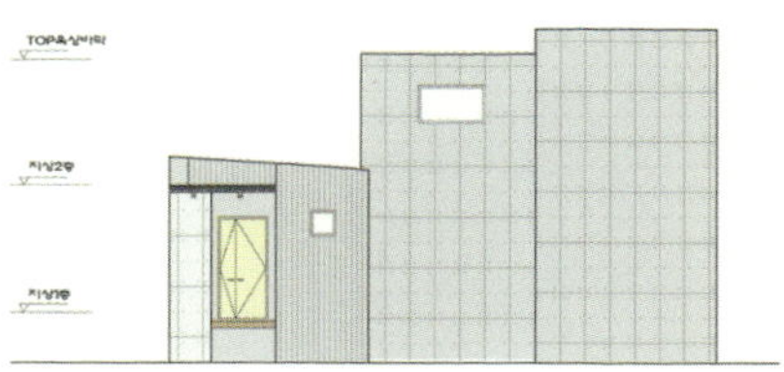

right elevation

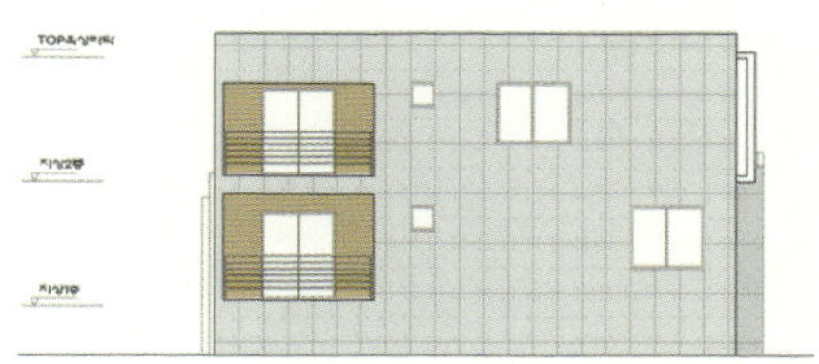

back elevation

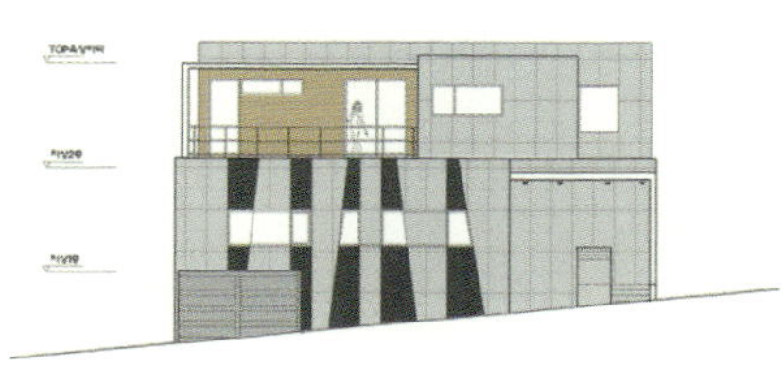

front elevation

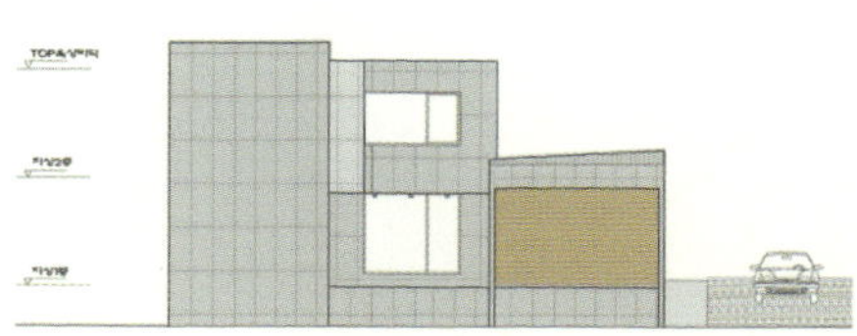

left elevation

Residence in Pyungchang-dong

평창동 주택

— Chung, Hyuna

서울시 종로구 평창동
Pyungchang-dong, Jongno-gu, Seoul, Korea

단독주택, 지하1층/지상2층, 연면적 262.1㎡, 철근콘크리트 구조
Single House, B1/2F, Gross Floor Area 262.1㎡, R/C

주택은 시대에 따라 변화하는 그 사회의 주거상을 고스란히 반영하는데, 현대 사회는 전통적 주거방식에서 벗어난 새로운 양상들을 보여주고 있다. 핵가족화와 나란히, 맞벌이 부부의 육아문제로 대가족 주거로의 회귀도 나타나고 있고, 자녀들의 조기유학으로 나타나는 부부만의 2인 주거, 늘어나는 미혼과 이혼, '기러기아빠' 의 등장으로 1인 주거가 엄연히 존재한다. 한편, 아파트가 보편적 주거의 형태로 자리잡은 서울에서 평창동은 단독주택지가 남아있는 몇 안 되는 곳이다. 성북동과 한남동과 더불어 이곳은 도심 재정비의 재개발 · 재건축, 고층

아파트화의 거센 파도에서 한걸음 물러나 있어, 도심으로의 접근성이 좋으면서도 여전히 조용한 외부공간의 가능성을 가지고 있고, 수려한 자연환경에의 조망이 빼놓을 수 없는 특징이라 할 수 있다. '평창동주택' 은 이와 같은 상황에서 서울의 평창동이라는 장소가 가지는 고유한 조건과 혼자 사는 건축주의 거주양식이 만드는 새로운 주택유형의 가능성을 질문하고자 하였다.

대상지는 서쪽으로는 도시로의 원경을 가지고, 북쪽으로는 북한산 봉우리의 조망이 가능한 대지였다. 반면, 동쪽으로는 도로에 면하고, 남쪽으로는 덩치 큰 3층집에 가로막혀 그리 좋은 조건을 가지지 못하였다.

우선 전통적으로 선호되는 일조방향과 완전히 상반된 대지의 전망을 내부 공간구조와 어떻게 연계할 것인가를 고민하였다. 또한 혼자 사는 건축주의 라이프스타일로 공간의 위계 보다는 각 실들의 개성이 중요하였고, 실들의 독립성 보다는 개방감을 살려야 했다. 각 공간은 가족 누군가를 대변하는 공간이 아니라, 시간에 따라 쓰임에 따라 느슨하게 규정되는 공간으로서 의미가 있었다.

거실을 2.5층으로 들어올리고, 매스를 돌출시켜 일조와 전망을 동시에 해결하고자 하였다. 대지 진입에서 데크 공간을 거쳐 거실로 서서히 오르는 동선을 대지 가운데 배치시키며, 실들은 상대적으로 조건이 양호한 대지모서리로 놓았다. 각 실들은 동선의 연속된 흐름 속에 있으면서도 사용자의 필요에 따라 외부공간으로 확장될 수 있도록 고려하였다. 지하썬큰, 식당데크, 침실테라스, 거실테라스 등의 외부공간은 각기 다른 레벨에서 다른 방향으로 연장되며 각 공간들을 차별화시킨다.

스킵된 레벨과 돌출된 매스, 다양한 외부공간은 대지 안쪽에서는 시선을 재빨리 다른 공간으로 유도하고, 대지의 모서리에서는 시선을 사방으로 확장하려는 것이다. 되감기는 동선과 교차하는 시선으로 걸어온 길을 되돌아보게 하고, 내외부공간은 서로가 서로를 이끌도록 설정하였다.

또한 지상 맨 위쪽에 조망과 명상을 위한 거실과 지하의 맨 아래에 유희형 AV거실을 두고 그 사이에 침실과 서재 식당 등을 두는 방식이어서 주중과 주말, 그리고 게스트가 있을 때와 없을 때에 따라 주택은 확대-축소된다.

외장의 노출콘크리트와 모노쿠쉬가 보여주는 연속적인 흐름은 위계나 앞뒤 없이 이어지는 내부 공간을 외부로 살짝 드러내고자 함이고, 재료의 무채색 질감을 대조시키며 매스를 수평적으로 분할, 정적인 느낌을 가지려 한 것은 명상을 즐기는 건축주의 취향과 무관하지 않다.

주택 설계에 있어서 이웃으로부터의 혹은 가족으로부터의 완전한 독립 공간을 요구 받지만, 동시에 주택 만이 가질 수 있는 마당이나 넓은 데크 등 외부공간과의 관계를 통하여 도시로 적절하게 열린 포즈는 여전히 필요하다고 생각한다. 외부공간을 ㄱ자로 감싸 안는 동선이나, 걸어온 길을 다시 바라보게 하는 공간 배치는 바로 완전한 나만의 공간이 아니라 관계 속의 나의 공간으로 살며시 내딛고자 함이다.

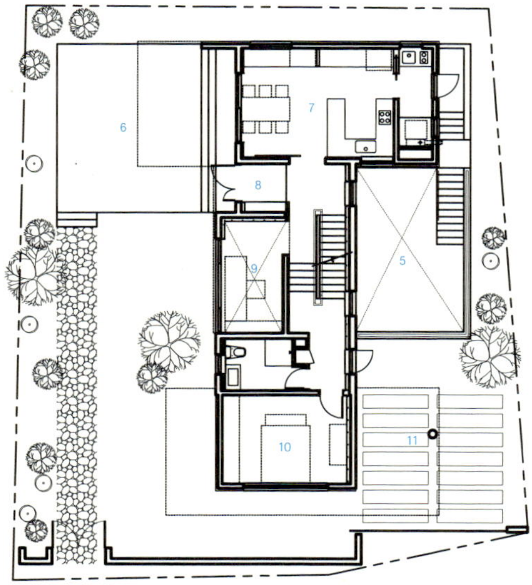

1st floor plan

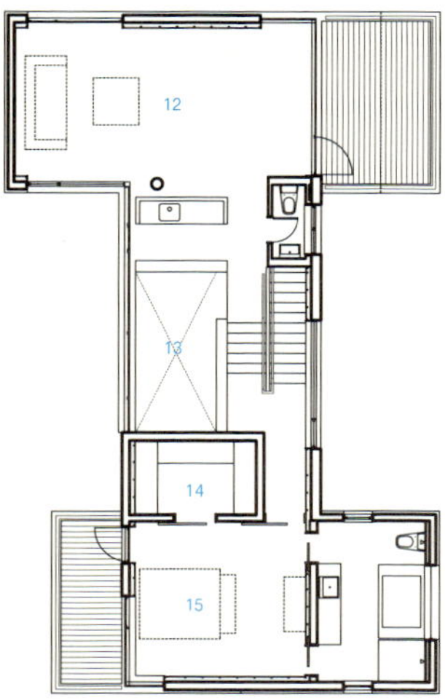

2nd floor plan

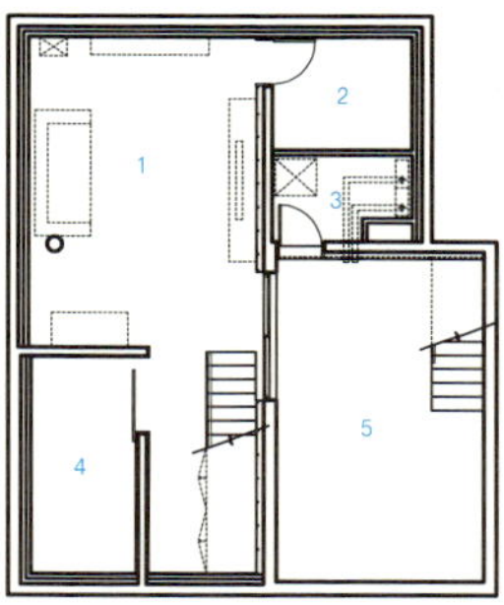

B1 floor plan

1. A/V
2. STORAGE
3. BOILER
4. BOOKSTACK
5. SUNKEN
6. DECK
7. DINING/KITCHEN
8. ENTRY
9. STUDY
10. GUEST ROOM
11. PARKING
12. LIVING
13. OPEN BELOW
14. DRESSROOM
15. BEDROOM

Residential construction involves and reflects the needs and desire of its time. The family unit is becoming more differentiated and diversified, for instance, working couples who lack time to foster their babies prefer to live together with their old parents again. Some parents, as they send their young children to study abroad, just two of them are left with only occasional visits. Number of households where people live alone is rapidly increasing - divorced, not-married, and even a father left alone from his wife taking care of their children studying abroad.

Meanwhile, Pyungchang-dong is one of the few areas left in Seoul where detached houses still dominate while apartment blocks already had become the city's

typical housing type. Like Seongbuk-dong and Hannam-dong, aside from construction of high-rise apartment called urban redevelopment, Pyungchang-dong is still close to downtown and could have pleasant outdoor space and great views of natural environment.

The project explores the possibilities for new residential type, especially for a single-family in such as Pyungchang-dong in Seoul.

Site has panoramic view of the city to the west and clear view of the Bukhan-mountain to the north, however obstructed by a three-story building and the road on the south and the east.

First question was how to deal a view which is totally opposite to the sunlight with the

spatial organization of house. Also, because the client lives alone, open space became only meaningful than it kept private. Differentiation of rooms became more important than their relationship or hierarchy. Each room is loosely defined by time and use, not so much identifying and representing each family member.

Considering both view and the sunlight, living room is elevated to second and a half floor, mass is extruded to allow enough sunlight. By placing a slow walk path from the road to the elevated living room at the center of the site all rooms are located at the corner as relatively good conditions. The linear path connects all rooms, which could expand to outdoor space such as sunken garden, dining deck, bedroom balcony, living room terrace at different levels.

With skipped floor, extruded mass, various

outdoor spaces, one is quickly drawn to the next movement in the center part, on the other hand it opens up the sight in the edge. Experiencing winding circulation and looking in-between spaces allow outside and inside pulling back and forth with each other.

Between the two living rooms - one for view and mediation at the top floor, the other for entertainment(A/V) at the lower floor, rest of the rooms (bedrooms, kitchen, and a study) are placed. It provides flexibility for variety of uses for weekdays and weekends and whether guests stay or not.

Monocouche is selected for the exterior finish combined with exposed concrete, expressing continuous spatial feedback of front-back and inside-outside. Materials articulate horizontally with limited color and texture, having a calm impression because of the meditation which is a hobby of the client.

Although it is requested in the private house that each is separated from the neighborhood and also from the family members, it is still necessary to have an open position towards the public setting up the proper relationship with the outside. Here, with spatial layout allowing one to be able to look back and the circulation path enclosing the court, the individual space work in sync within the equal share of relationship rather than making rooms absolutely private, thus providing more diversity in what can be defined as living spaces.

HOUSE CONTENTS OF YOUNG ARCHITECTS

건축가 [교수] 10인의 주택선집

PROFILE

곽 희 수

1967년 서울출생. 홍익대학교 졸업, 국민대 대학원 수료. 현재 (주)이뎀도시건축 대표. 홍익대학교 튜터 및 경원대 겸임교수로 재임중. 2007년 KA신인건축가상, 서울특별시건축상, 2008년한국건축문화대상 주거부문 본상/일반건축부문 우수상 수상. 주요작품으로는 고소영빌딩, 신승훈 빌딩, 원빈주택, 김형석 House, 한남S-회장댁, Hangang Guardians Ⅰ, Ⅱ 등

http://www.IDMM.kr

김 광 호

인하대학교 건축학부 부교수. 서울대 건축학부 졸업후 8년간 실무를 한 이후 미시간대(앤아버) 건축학 석사를 취득하였고 대한민국 건축사이다. 전공은 건축설계 및 계획이론으로 환경미학이란 대 주제 아래 설계표현 및 공간표현론, 치유건축론과 행태심리론을 세부적으로 다루고 있다. 한국건축가협회, 대한건축학회 및 한국의료복지시설학회의 정회원 및 편집위원으로 활동중이다. 저서로는 생태적 매트릭스 공간(2004, 미건사)가 있다.

200022@inha.ac.kr

김 동 진

홍익대학교 건축학과와 파리-벨빌 국립건축대학을 졸업한 후, 프랑스건축사 DPLG을 취득하였다. (주)서울건축, 프랑스 BT & Associes 등에서 실무를 경험하고, 현재 (주)로디자인(L' EAU design)도시환경건축연구소 대표이며 홍익대학교 건축공학부 조교수로 재직 중이다. 주요작으로 바티_리을, 스칼렛 테르, 르노삼성디자인센터, 뉴욕 가나갤러리 등이 있으며, 2007년 서울특별시 건축상, 2008년 한국건축가협회상, 제1회 젊은 건축가상을 수상하였다.

leau@lycos.co.kr · www.leau.co.kr

남 수 현

서울대학교 건축학과 학사, 석사 및 예일대학교 건축대학원Yale School of Architecture를 졸업하였다. 이로재에서 실무경험을 쌓고, 뉴욕 Gruzen Samton Architects, LLP에서 건축설계 후 귀국, Haus2, 온고당에서 소장을 역임하였다. A-house, High-rise on 42nd, Thurgood Marshall Academy 등의 작업을 하였으며 근대건축가의 합리성에 대해 연구를 하였다. 현 명지대학교 건축학과 교수이며 임재은 소장과 solid logic 공동대표이다.

soohyoun.nam@gmail.com

민 성 진

남부 캘리포니아 대학 건축과와 하버드대 건축대학원을 졸업했으며, 1996년부터 지금까지 SKM 건축사사무소를 이끌고 있다. 미국건축사협회 회원(AIA)인 그는 2007년 힐튼 남해 골프 & 스파 리조트로 한국공간디자인 대상을, 2007년 GS 자이 주택문화관으로 우수디자인 최고상(대통령상)을, 2008년 금강산 골프 & 온천 리조트로 한국공간디자인문화제 최우수상을 수상하였다. 현재 다수의 골프 리조트 및 고급주택단지의 신축 계획을 진행하고 있다.

Ken_min@skmarchitects.com · www.skmarchitects.com

박인규

서울생으로 광운대학교 건축공학과를 졸업하고 일본 와세다대학대학원에서 석사, 동경대학대학원에서 박사학위 후 현재 배재대학교 건축학부 교수로 재직 중에 있다. 일본국제학생공모전에서 2회의 수상경력과 함께 주요 작품으로 남계헌, (주)한화 인천 공장부지 재개발계획 마스터플랜, H시 납골단지공원계획, 신사동 및 압구정동 카페인테리어, F1자동차경기장 마스터플랜 계획안, 당진근생 등의 작업을 하였고 개인 아틀리에를 운영하며 활발히 활동 중에 있다.

archpark@pcu.ac.kr · http://www.pcu.ac.kr

임도균 + 조준호

임도균은 서울대학교 건축학과 및 동대학원을 졸업, 일리노이공대 건축대학에서 연구원으로 활동하였으며, 현재 명지대학교 겸임교수를 역임하고 있다. 조준호는 서울대학교 건축학과를 졸업하였으며, 홍익대, 숭실대 설계튜터로 활동하였다. 이들은 2005년부터 건축사사무소 루연을 공동 운영, 작품 활동을 하고 있으며, 2008년 문화체육관광부로부터 '젊은 건축가상' 을 수상하였다.

0637ldk@hanafos.com · www.luyoun.com

임성필

현재 정림건축 수석디자이너이며, 금오공대와 경기대 건축전문대학원(GSAK)을 졸업하고, 목원대 겸임교수를 역임하였다. 주요작으로 국립디지털도서관(NDL), 한국국제전시장(KINTEX), 테헤란로 와플타워, 광주시청사, 부산제일교회, 서울성락교회, 해운대 온누리교회, 군산중부교회등 건축적 개념 통(通)을 주제로 도시, 자연, 문화, 사람과의 소통과 흐르는 공간, 숨쉬는 장소를 만들어 가고 있다

sungpil.im@junglim.com

임육주

1967년 충주생으로 금오공대건축과 졸업. 원일건축에서 근무였으며 1999년 153건축공동대표. 2000년 ZIP 건축사사무소를 개설하고 지금까지 운영하고 있다. 안양시 건축문화상을 받은바 있으며 주요작으로는 석촌동 치과, 신촌KFC건물 리모델링, 일본동경주택, DUKE.J , 남양주 새천년교회, 가평교회, 등이 있다.

namoob@naver.com

정현아

1970년생으로 홍익대 건축학과와 동대학원, 컬럼비아대학교 건축대학원을 졸업하였다. 로버트 A.M. 스턴 아키텍츠와 난디니 푸칸 아키텍츠, 창조건축과 한도시건축에서 실무 경험을 쌓았으며, 2004년부터 디아건축을 운영하여 오고 있다. 연세대, 중앙대, 이화여대 등에서 강의한 바 있으며, 현재는 서울대학교에 출강중이다. 주요작으로 신사동근생, 대전한의원이 있다.

diaseoul@gmail.com · www.diaseoul.com